30个心理常识"加油站"，助你更轻松地

30个
影响一生的经典
心理实验

项 前◎著

震撼人心的情感心理实验
生动有趣的心理学实验
考验人性的经典解析实验
……

中华工商联合出版社

图书在版编目（CIP）数据

30 个影响一生的经典心理实验／项前著．－－北京：
中华工商联合出版社，2018.3

ISBN 978－7－5158－2216－7

Ⅰ．①3…　Ⅱ．①项…　Ⅲ．①心理测验－普及读物
Ⅳ．①B841.7－49

中国版本图书馆 CIP 数据核字（2018）第 029543 号

30 个影响一生的经典心理实验

作　　者：项　前
责任编辑：吕　莺　董　婧
封面设计：信宏博·张红运
责任审读：李　征
责任印制：迈致红
出版发行：中华工商联合出版社有限责任公司
印　　刷：河北信德印刷有限公司
版　　次：2018 年 5 月第 1 版
印　　次：2018 年 5 月第 1 次印刷　2021 年 9 月第 2 次印刷
开　　本：710mm×1000mm　1/16
字　　数：200 千字
印　　张：14
书　　号：ISBN 978－7－5158－2216－7
定　　价：39.90 元

服务热线：010－58301130
销售热线：010－58302813
地址邮编：北京市西城区西环广场 A 座
　　　　　19－20 层，100044
http：//www.chgslcbs.cn
E-mail：cicap1202@sina.com（营销中心）
E-mail：gslzbs@sina.com（总编室）

目　录

皮格马利翁效应：相信意念专注的力量

成功学大师强调，专注的意念是一种积极的成功"催化剂"。马克·吐温也曾说："只要意念专注于某一项事业，你就一定会做出使自己感到吃惊的成绩来。"

那些富有经验的园丁往往习惯把树木上许多能开花结果的枝条剪去，一般人往往觉得这样做很可惜，但是，园丁们知道，为了使树木能更快更茁壮地生长，为了让以后的果实结得更饱满，就必须忍痛将一些旁枝剪去，否则，若是保留这些枝条，那么将来的收成肯定不容乐观。还有，那些有经验的花匠，每到剪枝时，也会把许多快要绽开的花蕾剪去。这是为什么呢？因为花匠们知道，剪去其中的大部分花蕾后，可以使整棵植株所有的养分都集中在留下的少数花蕾上，等到这少数花蕾绽开时，一定可以开放得更加硕大、更加鲜艳。

其实，做人就像培植花木一样，与其把所有的精力消耗在许多收效甚微，甚至毫无意义的事情上，不如看准一项适合自己的重要事业，集中所有精力，全力以赴，这样才能得到自己想要的结果，走向成功。

在古希腊神话中，塞浦路斯有个国王，名叫皮格马利翁。这个国王性情孤僻，常年独居。但他善于雕刻，他用象牙刻了一座代表着他理想中的女性的美女雕像。久而久之，他竟对自己的作品产生了爱慕之情。他祈求爱神阿佛罗狄忒赋予自己所雕的雕像以生命。阿佛罗狄忒为他的真诚所感动，使这座美女雕像活了起来，真的成为一个迷人的大美女。皮格马利翁遂娶她为妻。

心理学家根据这个故事告诉我们，向一个人传递积极的期望，就会使这个人进步得更快、发展得更好；反之，向一个人传递消极的期望，则会使这个人自暴自弃，放弃努力。心理学家将其称为"皮格马利翁效应"。

美国著名心理学家罗森塔尔和雅格布森曾进行过一项研究。他们找到一所学校，从校方手中得到了一份全体学生的名单。经过抽样后，他们向学校提供了一份学生名单，并告诉校方，他们通过一项测试发现，这份名单上的学生有很高的天赋，只不过尚未在学习方面表现出来。其实，这只是从全体学生名单中随意抽取出来的一些学生，老师们将此成果告诉名单上的学生，有趣的是，在学年末的测试中，这些学生的学习成绩的确比其他学生高出很多。

研究者认为，这一结果的出现是由于教师期望的影响。由于教师认为这些学生是天才，因而寄予他们很大的期望，通过各种方式向他们传达"你很优秀"的信息，学生们感受到教师的关注，于是心理上产生了一种激励作用，学习时加倍努力，最终取得了好成绩，真的优秀起来。

这种现象说明教师的期待不同，学生受到的影响也不同。这也是皮格马利翁效应作用的结果。

皮格马利翁效应告诉我们，专注的意念有着巨大的作用，有利于人积极地肯定自我的信念，开发自身的潜在能力。只要你决定去做某件事，就需要百分之百的专注。有了专注、热情和良好的期待，人就能够创造出奇迹！

意大利文艺复兴时期，著名艺术家米开朗基罗 73 岁的时候年老体衰，躺在床上难以起身。教皇的特使来到他的床前，请他去绘制圣彼得堡教堂上的圆顶壁画。他思量再三，最终同意了，却提出了一个奇怪的条件：不要报酬。因为他觉得自己最多能干几个月，如果运气足够好的话可以干一两年。既然注定无法完成，那就不应该索取报酬。

教皇同意了这个条件。于是，这位七十多岁的老人下了床，由人扶着颤巍巍地来到教堂，徒手爬上五层楼高的支架，仰着头开始创作。奇怪的是，从此一发而不可收，米开朗基罗竟然越画干劲越足，体力与智力也越来越好。请他的教皇老死了，换了一个新教皇，他还在画；新教皇死了，又来一个新教皇，他还在画；第三个新教皇也死了，他还在画。他足足画了 16 年，到 89 岁的时候，他终于完成了这项永载史册的艺术巨作。

最后一次走下支架的米开朗基罗显得容光焕发，他兴奋极了，他穿上厚重的骑士铠甲，手持长矛，骑上战马，像个疯子一样到旷野中奔驰，欢呼自己的胜利。在完成这项工作以后不到一年，米开朗基罗就去世了。

米开朗基罗创造了两个奇迹，一是艺术史上的奇迹——圣彼得堡教堂圆顶壁画，成为经典之作；二是生命的奇迹——一个垂死的老人不可思议地又活了 16 年，而且越活越精神。是什么让米开朗基罗创造出这两个奇迹呢？答案很简单——专注，心无旁骛的专注。

可见，人要想做成一件事情，取得大的成就，就要投入全部的专注。人与人相比，聪明程度相差不是很大，但因为做事时专心的程度不同，所以取得的成就也就大不相同。

《列子·汤问》中有这样一个故事：有个名叫詹何的人，用一根细细的蚕丝作钓线，麦芒作鱼钩，细竹作钓竿，米粒为鱼饵，能在深渊急流之中钓到一大车鱼。

楚王听后深感好奇，就把他请来询问诀窍。

詹何回答："当臣临河持竿，心无杂虑，唯鱼是念，投纶沉钩，手无轻重，物莫能乱。鱼见臣之物饵，犹沉埃聚沫，吞之不疑。"

为什么詹何能用简陋的工具换来令人瞠目的成果呢？并非是他的技术有多么高明，其实是意念中专注力创造的结果。

做事专注的人，往往成绩卓著。荣获 1936 年诺贝尔生理学或医学奖的美国著名医师及药理学家勒韦，把毕生的精力奉献给了其研究领域，凭着对科学事业的执着和追求，他攻克了一个又一个难关，为人类的医学事业做出了突出的贡献。他在领奖时发表感言："一位百发百中的神箭手，如果漫无目标地乱射，那他连一只野兔也射不中。而自己能够有这些阶段性的成果，要归功于自己对医学事业的专注以及由此产生的热情。"

勒韦1873年出生于德国法兰克福的一个犹太人家庭。他从小喜欢艺术，绘画和音乐都有一定的水平。由于他父母对犹太人在历史上深受各种歧视和迫害心有余悸，于是不断告诫儿子不要学习和从事那些涉及意识形态的行业，而要他专攻一门科学技术。

在父母的影响下，勒韦放弃了自己原来的爱好和专长，进入斯特拉斯堡大学医学院学习。勒韦勤奋志坚，他不怕从头学起，相信只要专注于一就必定会成功。他抱着这种心态，很快进入了角色，专心致志于医学课程的学习。

他在医学院攻读医学时，被一位导师的丰富学识和钻研精神所吸引。这位导师是淄宁教授，是著名的内科医生。勒韦在这位导师的指导下，学业进步很快，并深深体会到医学也大有施展才华的天地。

从医学院毕业后，勒韦先后在欧洲及美国的一些大学从事医学专业研究，在药理学方面取得较大进展。由于他在医学上的成就，奥地利的格拉茨大学于 1921 年聘请他为药理教授，专门从事教学和研究。在那里，他开始了神经学的研究，通过青蛙迷走神经的试验，第一次证明了某些神经合成的化学物质可将刺激从一个神经细胞传至另一个细胞，又可将刺激从神经元传到应答器官。他把这种化学物质称为乙醚胆碱。1929 年，他从动物组织中分离出该物质。

勒韦对化学传递的研究成果是一项前人未有的重大突破，对药理及医学做出了重大贡献，因此，他与戴尔获得了 1936 年诺贝尔生理学或医学奖。

勒韦是犹太人，尽管他是杰出的教授和医学家，但也如其他犹太人一样，在德国遭受了纳粹的迫害，当局把他逮捕，并没收了他的全部财产，取消了他的德国籍。后来，他逃脱了纳粹的监察，辗转到了美国，并加入美国籍，受聘于纽约大学医学院，开始了对糖尿病、肾上腺素的专门研究。

勒韦对每一项自己新的科研都能做到专注于一。不久，他的几个项目都获得了新的突破，特别是设计出检测胰脏疾病的勒韦氏检验法，为人类医学做出了重大贡献。

勒韦的成就让我们惊叹于专注的巨大力量，勒韦专注于一产生的不断钻研的热情更让我们钦佩！

人的一生，如白驹过隙，如果我们能够集中有限的时间和精力，全力以赴地向着一个既定的目标专注并且不断前进，我们一定能取得自己想要的成功。

墨菲定律：重视心理暗示

心理暗示是人类在漫长的进化过程中形成的一种无意识的自我保护能力。比如，当处于陌生、危险的境地时，人们会根据以往形成的经验，捕捉环境中的蛛丝马迹来迅速做出判断；比如，为了逃避疼痛，人们在痛苦难耐时会安慰自己"快过去了"；比如，在艰难地追求成功的过程中，人们会设想目标实现时异常美好、激动人心的情景，为自己提供前行的动力。这些都是积极的心理暗示。

心理暗示对人有很重要的影响，它是在心灵这块土地上播撒什么样的种子的控制媒介。一个人可以经由积极的心理暗示，自动地把成功的种子和创造性的思想灌输进自己的潜意识里，使潜意识这块沃土更加肥沃；相反，一个人也可以经由消极的心理暗示，灌输消极的种子或破坏性的思想于自己潜意识里，使潜意识这块肥沃的土地变得杂草丛生。

可见，心理暗示是一把双刃剑，既可以产生积极的作用，也可以产生消极的作用。积极的暗示可帮助被暗示者稳定情绪，树立自信心，战胜困难和挫折；消极的暗示可给被暗示者带来郁闷和不安。这就是心理学上的"墨菲定律"。

墨菲定律是一位名叫墨菲的空军上尉首先发现的，他有一个经常会遇到倒霉事的同事，那个同事无论对生活，还是工作，总有一大堆不满，常找墨菲倾诉。后来墨菲思考了很久，得出一个结论。一天，那个同事又来找墨菲发牢骚，墨菲听后开玩笑地对那个同事说："如果一件事情你总担心有可能被弄糟，那么就一定会弄糟。"

我们仔细想想这句话是否有道理。比如，你去排队买东西，窗口前有几支同样长的队伍，如果你总觉得自己的队伍是最慢的，那么这支队伍一定很慢。简单说来，一个人如果认为某事有可能出错，那就一定会出错。这就是"墨菲定律"。

"墨菲定律"是心理暗示的具体体现，它生动地证明，不同的心理暗示会给人带来不同的情绪，使人产生不同的行为，从而产生不同的结果。

心理学家普拉诺夫经过对不同对象的研究发现，不同的心理暗示能使人的心境、兴趣、情绪、爱好、心愿等发生变化，从而使人的某些生理功能、健康状况、工作能力发生变化。

苏联有一位天才的演员 N. H. 毕甫佐夫，他平时老是口吃，但是当他演出时却克服了这个缺陷。他所用的办法就是利用积极的自我暗示，暗示自己在舞台上讲话和做动作的不是他，而完全是另一个人——剧中的主要角色，这个人是不口吃的。

世界旅馆业巨头康拉德·希尔顿在拥有一家旅馆之前，很早就想象自己在经营旅馆。当他还是一个孩子的时候，就常常扮演旅馆经理的角色。后来，希尔顿终于将自我暗示反复强化的梦想变成现实，将自己的连锁店开到了世界各地。

积极的自我暗示会给人带来的神奇力量。人的心理暗示会产生极大的威力，在一定程度上左右人的信念和意识。如果我们能善用心理上积极的自我暗示，对获得成功是非常有帮助的。也就是说，一个人习惯于在心理上进行什么样的自我暗示，他就会成为什么样的人，这往往是一个人贫与富、成与败的根本原因所在。

有一位推销员，原本业绩很不突出，他想改善这种状况。一次，他看到一句话："每个人都具有超出自己想象两倍的能力，但要想把它们发挥出来，就要坚信自己的力量。"当他读完这句话后，迫不及待地想要印证。于是，他对自己现在的工作状况进行了深入思考和分析，他回想起以前自己和潜在大单顾客签约时，他总是因为畏缩、怠惰等各种自身的原因而丧失良机，同时他也并没有迫切地期待着成功。

后来，这位推销员时常在心中想象自己成功与客户签约的情景，不断暗示自己有能力争取更好的大客户，业绩也会更好。结果，五个月后，他就获得了较从前多五倍以上的订单。

可见，积极暗示的影响力是非常大的。积极的自我暗示就像一块磁铁，当一个人认为自己必将成功时，这个想法就会像磁铁一般产生强大的吸引力，把他拉向成功。

无独有偶。一位参加世界探险登山队的朋友感慨地说："积极的自我暗示是一种巨大的思想力量，能够促使人更好地完成心中的梦想。"

他回忆道，有一次，他曾参加一次攀登马特峰的活动。在准备攀登马特峰的最高峰前夕，记者对这些来自世界各地的探险者进行了采访。当时记者以同样的问题问不同的探险者："你相信你能登上马特峰的最高峰吗？"有人回答："我将尽力而为。"有人说："我试试吧，尽量全力以赴。"也有人不敢做明确的表态。后来，当记者问一位美国青年时，这位青年目光炯炯地说："我一定要登上马特峰的最高峰。"结果，在这次活动中，只有一个人成功登顶，就是那位说"我一定要登上马特峰的最高峰"的美国青年，他真的做到了。

墨菲定律告诉我们，积极的自我暗示能使人产生想要成功的欲望，可以让人感受成功时的景象，从而使人的信心更加坚定，更好更快地走向成功。因此，在攻坚克难、向目标前进的过程中，我们要学会给予自己积极的自我暗示，坚定信心，从而实现自己的目标。

围栏定律：聪明与否不在于智商高低

世界上的每个人都是独一无二的个体，在每个人的身上都蕴藏着可能与他人不同的特殊才能。创新能力就是人类潜能的突出代表。近年来，脑科学领域的几项重大研究发现，一个人聪明与否不在于智商高低，而在于其创新能力的开发程度。

20 世纪的科学巨匠爱因斯坦去世后，科学家们对他的大脑进行了细致的研究。结果表明：爱因斯坦的大脑无论是体积、构造还是细胞组织，都与普通人的一样没有区别；但他的大脑神经网络的密度远远高于普通人。一般来说，大脑神经网络密度高的人，其创新能力就超乎寻常地高。由此可以推断，爱因斯坦的成功也许是通过超常的努力钻研和勤于思考，加密了神经网络的连接，由此大大开发了自身的创新能力的结果。

科学家还发现，限制一个人发挥其潜能的，不是别人，而是他自己。由于大脑所蕴藏的潜能大部分是以基因的形式存放的，人在后天的成长过程中如果不去调动并开发创新能力，就终生都不会唤醒那些基因，只能任凭它们随着生命的终止而浪费。所以心理学家提醒人们：所有人其实内在都有着非凡的创新能力，但这些创新能力犹如一位熟睡的巨人，等待着人们去唤醒。只要有效地调动自己的创新能力，人就会越来越聪明，开发出越来越多的潜能。

其实创新的开发并没有那么难，只要你不吝惜使用自己的头脑，你就可以开发出自己独特的创新能力。

美国有个叫杰福斯的牧童，他的工作是每天把羊群赶到牧场，并监视羊群不越过牧场的铁丝栅栏到相邻的菜园里吃菜。有一天，小杰福斯在牧场上不知不觉睡着了。

不知过了多久，小牧童被一阵怒骂声惊醒了，只见老板怒目圆睁，大声朝他吼道："你这个没用的东西，菜园被羊群搅得一塌糊涂，你还在这里睡大觉！"

小杰福斯吓得面如土色，不敢回话。这件事发生后，机灵的小杰福斯就想，怎样才能使羊群不再越过铁丝栅栏呢？他发现，牧场中有玫瑰花的那片地方并没有铁丝栅栏，但羊群从不过去，因为羊群害怕玫瑰花枝上的刺。

"有了，"小杰福斯高兴地跳了起来，"如果在铁丝上加一些刺，就可以挡住羊群了。"于是，他把铁丝剪成5厘米左右的小段，然后把它们结在铁丝栅栏上当刺。结好之后，他再次放羊的时候，发现羊群起初还试图越过铁丝栅栏去菜园，但每次都被刺疼后，都惊恐地缩了回来，被多次刺疼之后，羊群就再也不敢越过铁丝栅栏了。小杰福斯成功了。

半年后，他申请了这项专利，并获批准。后来，这种带刺的铁丝网便风行世界。

创新说难，很难，说不难，一个小牧童都可以创造出来。许多人被长期以来形成的陈规旧习"粘住"或"冻僵"了自己的大脑，不敢去挖掘自己的创新能力，只好墨守成规。人如果不去唤醒自己的创新潜能，人云亦云，即使智商再高，也难以赢得真正精彩的人生。

在竞争激烈的当今时代，没有创新能力就意味着平庸，平庸则意味着被淘汰。人只有不断地挖掘头脑中的创新能力，才能始终站在竞争的前列，不致被淘汰。

日本最大的帐篷商、太阳工业公司董事长能村先生就是一个善于开发、利用自己的创新能力的人。

能村先生当时想在东京建一座新的商用写字楼，但如果在寸土寸金的东京只建成这座大厦，不仅一时难以收回成本，而且大厦每日的消耗也是一笔不小的开支，这对他的企业资金流动将是巨大的负担。

怎样才能既建成大厦，又降低成本呢？想来想去，能村都不得其法。有一天，他在看到日本新闻中时常报道的攀岩运动后突然萌生了灵感：把这座新建成的大厦和攀岩运动联系起来，除了作为商用写字楼，还可以作为攀登悬崖的练习场，而且互不影响，这样既可以增加业务收入，回收资金不也就更快了吗？

因为当时日本正在兴起攀岩热，且大有蓬勃发展之势，很多都市里的年轻人纷纷赶时髦花钱到郊外找专业的训练场，但是路途一般都很远。经过调查研究，能村先生这种创新性的想法得到了董事会的支持，他们邀请了几位建筑师反复研讨，最后决定在30

层高的大厦外墙上做些特殊的设计，建成一座"悬崖绝壁"，作为攀登悬崖的练习场。

半年后，一座植有许多花木青草的"悬崖"便昂然矗立在东京市区内，仿佛一个多彩而意趣盎然的世外桃源，这就是能村先生建造的攀岩练习场。写字楼投入使用，攀岩练习场也接着开业了。随后的几天，几千名喜爱攀岩的年轻人兴高采烈地聚集在此处，过了一把攀岩瘾。

人们听说在东京市区内出现了这么一道"特殊的风景"，每日来此观光的市民不计其数。一些外地的攀岩爱好者闻讯后，也想来东京看看新鲜，一显身手。接着，能村先生又适时地在写字楼的隔壁开了一家专营登山用品的商场。很快，这家商场也因连锁效应生意兴隆，在登山用品市场上有了不小的知名度。

"越能利用有利用价值的东西创造价值，就越能赚钱。"这是能村先生的经营之道。他正是在这一理念的引导下，创造性地拓展了商业触角，从而获得了极大的成功。

为了开发大脑中潜藏的创新能力，在日常生活中，我们可以尝试借鉴如下方法：

（1）用逐步接近法思考问题

你如果遇到了难题，可以尝试把问题分为几个部分，耐心地先研究一个部分或一个侧面，从相关问题中归纳出简明的"如果—那么"的关系，然后层层推进，从而逐渐得到结论。

（2）用图表解析法思考问题

画出简图、表格以及其他形象化的图形，来启发思考问题。

（3）用充分列举法思考问题

简明扼要地列举出各种方案和情况，并针对各种可能性做出计划和安排。

（4）用分割限定法思考问题

通过直接抛开无关因素来缩小解决问题的范围，就像放一个篱笆在问题的周围，使它同无关因素隔开，使其范围得到限定，这样有助于对问题进行深入分析。

（5）用系列连环法思考问题

把各种可选择的方案及派生方案按一定的逻辑关系整理出来，然后画出示意图进行分析，以便于你去进一步寻找解决方法。

（6）用异常跳跃法思考问题

遇到走不通的"路"时，及时停下来重新考虑你的整个思路，以完全不同的思路开始重新思考。这有时要借助创造性的思维才能达到目的。

通过以上这些方法，可以使人的大脑创新能力得到锻炼，得到强化和保持，为成功奠定良好的基础。

马太效应：奋力进取，开发潜能

每个人在一生中都有成功的机会，但为什么有些人能力越来越强，一次又一次地成功；有些人却一辈子过得越来越糟糕，境遇一天不如一天呢？

俗话说：不进则退。人的人生境况之所以不同，原因在于后天成长中是否充分调动了自己的潜能。潜能是潜藏在人们的一般意识之下的一股神秘力量。心理学家研究发现，人的潜能遵循着"马太效应"，即强者愈强，弱者愈弱。

"马太效应"出自《圣经》中的一段话："凡有的，还要加倍给他叫他多余；没有的，连他所有的也要夺过来。"后指两极分化现象。马太效应对于成功来说，利用成功动机和进取精神，潜能才能被开发和使用得越多、越强。

哈佛大学教授大卫·麦克里兰曾设计过一个情境，来测验一个人的成就动机的高低。具体如下：

让一个人在一个无人的屋子里，独自玩套圈的游戏，这个人可以自由选择起点位置。包括愿意选择距离目标很近的位置，这样能达到百发百中；也可以选择距离目标很远的位置，这样鲜有套中；还可以选择距离目标适中的位置，大概约有一半次数套中目标。但这些选择又都意味着什么呢？

麦克里兰教授解释道：一个人如果选择前两种，即距离目标很近或很远的位置，说明他是成功动机较低的人。他做事情是为了避免失败，确切地说，是为了避免失败带来的负面作用。因为距离很近，所以不会失败；而距离很远，别人同样成功不了，自己也不会因失败而被别人瞧不起。

相反，一个人如果选择最后一种做法，就是距离目标适中的位置，则表明他是一个成功动机较高的人。他不断地在自己的潜能范围内挑战自己，追求可能的成功。他做事不是为了做给别人看，而是追求自我超越、自我成长。

人生就像登山，有些人能登到顶峰，自认再也无法突破，于是从山顶走下；有些人还未走到顶峰便回头，循着原来的路，一步步走下去；也有些人登上顶峰后抬头远眺，看看有没有其他可以征服的更高的山峰，然后走下这座山，攀向那座山。其实，人只有不断进取、不断向更高的山峰挑战，才能不断进步，获得真正的成功。

巴西著名足球明星贝利在足坛初露锋芒时，记者问他："你哪一个球踢得最好？"他回答说："下一个！"后来，当他在足坛上大红大紫，成为世界著名球王，已踢进1000个球以后，记者又问他同样的问题，他仍然回答："下一个！"

那些在事业上有所建树的人，他们都同贝利一样，有着永不满足、不断进取的挑战精神。

成功是没有止境的，人不能满足于现状，而应凭着进取精神将自己的潜能尽量发挥出来，达到更高的目标，这也是现代社会和当今时代的必然要求。

本杰明·富兰克林是18世纪美国著名的政治家、外交家、科学家和作家，他多方面的才能和充沛的人生激情令人惊叹：他四次当选宾夕法尼亚州的州长；他制定了新闻传播法；他发明了口琴、摇椅、路灯、避雷针、拥有两块镜片的眼镜、颗粒肥料；他发现了墨西哥湾的海流、人们呼出的气体的有害性、感冒的原因、电和放电的同一性；他设计了富兰克林式的火炉和夏天穿的白色亚麻服装；他向美国介绍了黄柳和高粱；他最先解释清楚了北极光；他最先绘制出暴风雨推移图；他创造了换气法；他创造了商业广告；他最先组织消防厅；他最先组织道路清扫部；他是政治漫画的创始人；他是出租文库的创始人；他提议夏季作息时间；他是美国最早的警句家；他是美国第一流的新闻工作者，也是印刷工人；他是《简易英语祈祷书》的作者；他是英语发音的最先改革者；他被称为近代牙科医术之父；他创立了美国的民主党；他创设了近代的邮信制度；他想出了广告用插图的方法；他创立了议员的近代选举法；他的自传是世界上最受欢迎的自传之一，重印了数百版，现在仍被广泛阅读；他是很有名的游泳选手……当然，给世人印象最深的，是他曾经参与起草了美国的《独立宣言》，为美国的独立和自由做出了巨大贡献。

富兰克林之所以能够取得如此之多的杰出成就，是和他永保进取精神和永保成功动机分不开的。

富兰克林出生在一个世代打铁的工匠家庭，由于家里孩子多，父母很难靠打铁来维持家里的生活。12 岁的小富兰克林看到父母整天为了生计发愁，就想为家里做些什么。他的哥哥在城里办了一家报社，富兰克林到他哥哥那里当学徒，在印刷所里学习排版。但他的哥哥对他非常刻薄，经常因为一点儿小事就责骂他，有时候还毒打他。富兰克林不堪忍受，不久就离开了那里，到别的印刷所工作。但是他的哥哥告诉城里所有印刷所的老板，让他们都不许雇用富兰克林。

富兰克林不得不到别的城市寻找工作，他流落到费城，有一个叫凯谋的人拥有当地最大的印刷厂，凯谋看中了富兰克林的年轻能干，让他帮自己管理自己开的印刷厂。凯谋在当地的名声很差，所有人都说他是个阴险狡猾、压榨工人的小人。当时凯谋以富兰克林经验少为由，付给他的工资非常低，但富兰克林觉得在这里虽然辛苦，但自己可以学到更多以前不知道的知识，见识更多的世面，对自己日后的发展有好处，就答应了。

凯谋最初对富兰克林很客气，后来，他变本加厉地压榨富兰克林，常常无端地克扣富兰克林的工资。

最终，富兰克林忍无可忍，终于选择了离开。他相信，自己的能力还没有完全发挥出来。他下决心一定要找到一个更好的平台发展，以充实自己的知识，积累更多的经验，学到更多的技能，这样才能一步步拥有梦寐以求的生活，拥有自己的一番事业。没多久，他凭着自己的能力和勇往直前的魄力，找到了新的合作伙伴，在更大的平台上开始了新的创业历程。

富兰克林后来的经历在此不必赘述，众所周知，他凭着这股终生不变的进取精神，实现了自身一次又一次的升华和蜕变，在人生的阶梯上取得了一次又一次的成就，到达了令世人敬仰的高度。

那么，我们该如何培养自己的进取之心，唤醒自己的潜能呢？以下建议可供参考：

（1）时常激励自己

人与人之间本来只有很小的差异，但这很小的差异却往往决定了人们能否开发出自身蕴藏着的巨大潜能，决定了人们不同的命运。这很小的差异就是成功动机和进取心态的不同。有些人喜欢问"怎样做才能做得更好"，相信"我能做得更好"，也养成了不断追求进步、追求卓越的习惯，所以他们取得了成功。

在人生的整个阶段，始终存在着不断进取、不断努力奋斗的话题。人不管到了什么年纪，都面临着"不进则退"的法则。我们应该经常要问问自己："我在……方面能如何改进呢？""我该如何把事做好？""怎样使工作做得更有效率呢？"应时常激励自己，时常自省，这样，你将发现自己的潜能一点一点地被激发出来。

（2）选准最易突破的那一点

一个人可能有很多种潜能，但并不需要对每一种潜能都投入完全相同的时间成本、精力成本去大力开发，否则不仅分散了有限的时间与精力，也很不现实。开发潜能一定要选准最易突破的那一点，根据自己的优势，选准一种关键潜能进行开发，"盘活"整体潜能。

（3）充分考虑自身的客观条件

人人都有自己的优势才能，也都有自己的最佳发展区。开发潜能一定要根据自身的天赋、资质等客观条件，综合考虑，大力开发优势潜能。有专家指出：由于每个人的特点不同，每个人开发潜能也一定要根据自身特点，扬长避短。

（4）能够承受适当的压力

人都有惰性，很多时候，只有在一定的压力下，才能有效开发、调动自身的潜能。俗话说：破釜沉舟，背水一战。被逼到角落里的人，往往会创造出奇迹。当然，压力不能过大，否则会把人给"压趴下"；压力也不能过小，否则会使人难以产生积极进取的动力。只有适度的压力才能使人的潜能发挥到极致，激励人走向成功。

弗洛伊德理论：本性真的难移吗？

弗洛伊德认为，性格是一个人的个性表现。但他同时认为，性格会随着后天成长有所变化。按照不同的标准和原则，心理学家对人的性格类型大致有如下分类：

从心理机能角度，性格可分为：理智型、情感型和意志型。

从心理活动倾向性角度，性格可分为：内倾型和外倾型。

从个体独立性角度，性格可分为：独立型、顺从型和反抗型。

从人们不同的价值观角度，性格可分为：理论型、经济型、权力型、社会型、审美型和宗教型。

正如世界上没有完全相同的两片叶子一样，世界上也没有拥有完全相同的性格的两个人。那么，性格到底是与生俱来的还是后天培养的呢？性格究竟能否随着时间的推移而改变呢？难道真的如俗话所说，"江山易改，本性难移"？

心理学家经过研究证实，每个人的性格特征中约有一小部分是由遗传基因决定的，而另外的大部分是在后天环境和教育的影响下伴随着成长塑造而完成并渐臻完善的。一个人的性格一旦形成，往往会伴随其一生。

性格的形成与发展有其生物学的根源。遗传素质是性格形成的自然基础，它为性格的形成与发展提供了可能。生理成熟的早晚也会影响性格的形成。某些神经系统的遗传特性同样会影响特定性格的形成，这种影响表现为或起加速作用或起延缓作用。这一点从气质与性格的相互作用中可以印证：活泼型的人比抑制型的人更容易形成热情大方的性格特征；在不利的客观情况下，抑制型的人比活泼型的人更容易形成胆怯、懦弱的性格特征；而在顺利的客观条件下，活泼型的人比抑制型的人更容易形成勇敢的性格特征。

性别差异对人类性格也有明显的影响。一般认为，男性比女性在性格上更具有独立性、自主性、攻击性、支配性，并具有强烈的竞争意识，敢于冒险；女性则比男性更具依赖性，较易被说服，做事有分寸，具有较强的忍耐性。

在性格形成与发展的过程中，环境因素也有着举足轻重的作用。环境因素主要包括家庭环境、教育环境、社会环境等。

家庭所处的经济地位和政治地位、家长的教育观念和教育水平、家长的教育态度与教育方式、家庭的气氛等等，都对一个人性格的形成有非常重要的影响。从这个意义上讲，"家庭是制造性格的工厂"。

每个人都是生活、学习在一个集体中，教育环境会通过各种活动影响人的性格。

另外，随着信息时代的到来，网上传播的各种信息对人的性格产生的影响越来越大，而且其影响是广泛而深刻的。

综上，性格的形成既有先天的生理因素，也有后天的环境因素。人要了解自己，完善自己的性格，首先必须对自己的性格有一个大致准确的认知。下面的这个小测验，可以让你更了解自己性格中的优势和劣势。

在做每一道题时，根据你的实际情况做出选择，再依指示中的题号继续下一题。

1. 你觉得自己需要减肥吗？

总觉得还要再减一点→2

目前应该不需要→3

2. 你通常都是以怎样的方式减肥呢？

吃减肥食品或服用药物→4

运动或利用健身器材→5

3. 你通常用什么方法来维持身材呢？

控制食欲，少吃，节食→6

运动或生理按摩→7

4. 你觉得自己是不是一个很容易禁口欲的人呢？

不是→6

是→7

5. 你觉得减肥是一件很容易的事吗？

没有那么容易→8

是，想瘦就瘦下来了→9

6. 你常逛街购买衣服吗？

经常逛街买衣服→9

还好，没那么注重穿着→8

7. 你敢不敢从事刺激性的活动，例如高空弹跳？

不太敢，没人鼓吹的话可能只是观望→10

敢，挺好玩的→11

8. 你房间里头非必要性的摆饰、装饰品多吗？

不少→11

应该不多，至少跟某些朋友比起来→12

9. 你认为自己是个很喜欢动手布置房间的人吗？

虽然想，可是也挺懒的，房间只要整齐不乱就好→10

很喜欢这样做，可以创造自己独特的感觉→11

10. 你平常是否有阅读的习惯呢？

有，没事时很喜欢看一看自己感兴趣的书籍→12

没有，比较喜欢动态活动→A

11. 你是不是一个容易"碎碎念"的人？

嗯，平常很喜欢说一些大道理→12

还好，讲话大多比较直截了当→B

12. 如果让你选择，你会选择做一个？

漫画家→D

小说家→C

结果分析：

A 型：天性开朗、活泼，属于外向型性格

你的个性开朗、活泼，脸上时常带着笑容，浑身充满活力、热情，很容易带给周围的人喜悦，属于阳光型人物。这样的你最容易交到朋友，但由于大大咧咧的外向性格，也容易因做事、说话不假思索而得罪人。要注意的地方是谨言、三思而后行。因为交一个朋友很难，因一句话就失去一个朋友却很容易。

在职业选择方面，你爱动不爱静，不适合从事那些长期需要耐心的职业，但可以凭着敢闯敢干的性格开创自己的一番事业。

B 型：很有个性，性情豪爽，脾气火爆

你凡事有自己的一套想法，对事情的好恶表达直接，立场鲜明，从不优柔寡断。你对朋友好恶分明，但很多时候容易被激怒，需要注意。

C 型：单纯善良、不做作，属于内向型性格

你不喜欢与人钩心斗角，讨厌矫揉造作，喜欢简单、怡然自得的生活。虽然从不多话，可是你在内心有自己独立的理想化的追求和向往，但有时过于多愁善感。

D 型：温和、沉稳，颇有"城府"

你是个不温不火、外柔内刚的人。跟你相处过一阵子的人大多会为你温和、沉稳的性格所吸引，觉得你容易亲近。你深思熟虑的心机一般隐藏得很深，但也常常使人觉得你"老谋深算"，不敢与你深交。

上述测试有助于我们了解自己先天使然的性格类型倾向。不过，在现代社会，越来越多的人相信，好的性格是后天培养的，有很多人为了培养自己的好性格，有意识地取长补短，也确实收到了好的效果。那么，该如何在生活中有意识地培养自己的好性格呢？可从以下几方面入手：

（1）培养胆识

胆，就是胆量，是一种不畏惧、不退缩、一往无前的精神状态，是敢于冒险、勇于探索、迎难而上、开拓进取的精神品质。识，就是见识、智谋，是一种理性的思考能力。拥有了胆与识两样，也就拥有了好性格的重要组成部分。

（2）力戒嫉妒

人都有嫉妒的天性，这是一种负能量，具有杀伤力和破坏性。人要尽可能地在性格中培植正面阳光的性格因子，克服嫉妒心，以拼搏的勇气和信心激发自己的阳光心态，养成乐观、充满希望的性格。

（3）克服自卑感

有些人过于内向、胆小，甚至把自己与外界隔离起来，长此以往，就会让潜伏在性格中的"自卑"抬头，人会变得越来越孤僻，更加自卑、消沉，形成恶性循环。

羡慕别人无可非议，但对别人的羡慕，不应该转化成自卑，人应该相信自己同样能够在可能的范围内达到最佳状态，调整心态。让自己的情绪保持平稳，正确认识自己的能力和环境，知足常乐，而情绪的不大起大落，是克服自卑感的重要手段。

（4）拥有饱满的热情

美国的《管理世界》杂志曾组织有关专家进行过一项调查。

他们采访了两组人，第一组是高水平的人事经理和高级管理人员，第二组是商业学校的毕业生。他们询问这两组人什么品质最能帮助一个人取得成功，两组人都回答是"热情"。可见热情对人的影响之大。

热情可以让人不再胆怯，有勇气、有力量、有动力，使生活更有意义。人若无热情，干什么都没有精神，可能会一辈子一事无成。

（5）质朴节俭

每个人都有虚荣心和攀比心，但也都有质朴和节俭的一面。究竟哪种性情占上风，就要看人们的生活习惯和追求什么样的生活方式了。现代社会，并不绝对提倡量入为出的消费方式，但绝对反对为了虚荣攀比的铺张浪费和纵情于享乐的奢华淫逸。人应该朴素、低调，返璞归真，这是人性中的美好因素，人多有此优点可代替人性中的过分欲望。

（6）勤奋

勤奋是性格中最让人受益无穷的因素之一，它能克制人性中的惰性。勤奋的人会珍惜时光，绝不消沉懒惰。勤奋的人不计较，干活时不惜力，勤奋的人生活充实，永远充满活力。

（7）诚恳正直

诚恳正直是人性中的宝石，有这种性格元素的人不会做不利他人之事，不会忘记履行对社会的责任与义务，更不会为了钱财和名利去伤害和欺骗他人。

"艾宾浩斯曲线" 助你增强记忆力

如果说智力是一座工厂，那么，记忆力就是一个原料仓库，专门为智力这座工厂储藏原料。工厂是离不开原料的，原料源源不断地供给，工厂才能持续地开工；原料供给不足，工厂只能停工待料。如果记忆力这个仓库中信息丰富充足，智力这座工厂就能很好地进行加工生产，所以，有人说："记忆是智慧之母。"

现代医学研究表明，记忆是经历过的事物在人脑中的再现。人们在生活中感知过的事物、思考过的问题、体验过的情感、练习过的动作，都可以保留在大脑里，在相应刺激的影响下重现，这就是记忆。

学习一门功课、掌握一种技能，很大程度上就是依靠记忆力的储存，学习前人们的一些有用经验。心理学家指出，学生在学校学习，从某种意义上说，是在学习记忆和创造的方法。从这个意义上说，记忆力是智力活动的基础。

人的智力结构中的诸多因素，都离不开记忆力。没有记忆力作为基础，无论是观察力、想象力、思维力、注意力还是创新能力，都会成为无本之木、无源之水。很明显，很多智力活动是在记忆力的基础上进行的，一旦失去这个基础，智力活动就不复存在了。

记忆也是发明创造的重要条件。前人的经验是科学技术、发明创造的基础。因此，记忆力是学习的基础，没有记忆力，学习是不可能的。正因为有了记忆力，人的思维和智力才得以不断发展。也正因为如此，古往今来，增强记忆力、博闻强记成为人们的强烈愿望。

俄国著名文艺批评家杜勃罗留波夫用诗句写出了人类对葆有强记忆力的渴望以及达成的这一心愿的心情："我是多么希望拥有这样的才能：在一天之内把这个图书馆的书都读完；我是多么希望具有强大的记忆力，使一切读过的东西终生不忘。"

记忆随着时光的流逝而渐趋模糊，这是每个人都会有的感受。但是记忆是在什么条件下才模糊了呢？记忆有没有什么"良方"使其增强，记忆又有什么规则可循呢？

德国心理学家艾宾浩斯在 1885 年发表了一篇著名的相关实验，实验结果被绘成了图表，这就是有名的"艾宾浩斯曲线"。他用三个希腊字母拼写成无意义的音节，以此作为记忆的对象（在心理学实验中，使用有意义的词是不被允许的，因为有意义的词会引起不同联想，对记忆产生干扰，从而影响实验结果）。

艾宾浩斯把那些看上去无意义的音节，每 8 个分为一组，共分为 8 组；把自己作为实验的对象，首先测出自己完全记住这些音节需要多少时间，结果用了约 1000 秒。过了 20 分钟，他把相同的内容又重复记忆一遍时，缩短了约 580 秒，用百分比来表示的话则称为省时率，即 20 分钟的省时率为 58%，与此相反，遗忘率是42%……

艾宾浩斯曲线表明，遗忘的进程是不均衡的，在记忆的最初阶段遗忘的速度很快，后来就逐渐减慢，到了一定的时候几乎就不再遗忘了，这就是遗忘的规律，即"先快后慢"。

现代科学研究表明，人依靠视觉获得的知识，能够记住 25%；依靠听觉获得的知识，能够记住 15%；若把视觉与听觉结合起来，则能够记住 65%。人要记忆外部信息，必须先接受这些信息，而接受信息的"通道"不止一条，包括视觉、听觉、嗅觉、触觉等等。这种有多种感知觉参与的记忆，叫作多通道记忆。多通道记忆的效果比单通道记忆要强得多。

心理学家曾经做过一项实验：用三种方法让三组实验对象记住10张画的内容。对第一组实验对象，心理学家只是告诉他们画上画了些什么，并不给他们看这些画。也就是说，这组只是听而没有看。对第二组实验对象正好相反，只给他们看这10张画，但不给他们讲每张画画了些什么，也就是说这组只是看而没有听。对第三组实验对象，心理学家采取了听和看结合的方式，不但讲解画的内容，而且在讲每张画的内容的同时，还给他们看那张画。

哪组的记忆效果最好呢？结果可想而知，当然是第三组。因为他们发挥了多通道记忆。

心理学家还发现，要想充分调动记忆的潜能，记住并保持不遗忘，必须努力进入专注忘我的境界，投入自己的全部精力，这样才能增强记忆的效果。那么，如何才能增强并保持记忆最好的效果呢？以下方法可供参考：

（1）保持浓厚的兴趣

要想记住一个事物，首先要对该事物有兴趣，在学习知识时尤其如是。一个人如果对学习材料毫无兴趣，那么即使花再多时间，也难以记住，更别说长久保持了。

（2）注意力高度集中

记忆时只有聚精会神、专心致志、排除杂念，才能激发起大脑皮层的活力，留下深刻的记忆痕迹而不容易遗忘。如果一心二用，就会大大降低记忆效果。

（3）理解性记忆

理解是记忆的基础。只有理解了的东西才能记得牢、记得久。仅靠死记硬背，是不容易记住的。对于重要的学习内容，如果能做到理解和背诵相结合，记忆效果会更好。

（4）反复记忆

在初期记住的基础上，多记几遍，达到熟记、牢记的程度。因为遗忘的速度是先快后慢，尤其是对刚学过的知识，应趁热打铁，及时巩固，这是强化记忆、防止遗忘的最有效手段。

「艾宾浩斯曲线」助你增强记忆力

（5）根据情况，灵活运用多种记忆方法

可以用分类记忆、特点记忆、谐音记忆、争论记忆、联想记忆、趣味记忆、图表记忆、缩短记忆及编提纲、做笔记、做卡片等方法，同时利用语言的功能和视、听觉器官的功能相结合等多种方法来提高记忆的效率。

（6）掌握最佳记忆时间

一般来说，上午9时～11时、下午3时～4时、晚上7时～10时为最佳记忆时间，此三阶段可以充分利用。

（7）科学用脑

在保证营养、积极休息、进行体育锻炼等保养大脑的基础上，科学用脑，防止大脑过度疲劳，同时保持积极乐观的情绪，能大大提高用脑时的工作效率。这也是提高记忆力的关键方法之一。

烛台实验：开放自己的思维

在生活中，有很多约定俗成的固有观念习惯和传统，有些人始终遵循着这些固有观念习惯和传统，从来不让自己进入"未知的领域"，不敢越雷池一步，也告诫周围的人千万不要冒犯"权威"，最好一切按部就班，墨守成规。

这些人的想法是情有可原的。我们社会的早期教育，往往以牺牲人们的好奇心为代价，告诫人们要谨慎；往往以牺牲人们的冒险精神为代价，告诫人们要注意恪守成规，待在自己熟知的领域，绝不要到未知的领域中去冒险。这些早期教育容易成为人们头脑中的禁锢，使人们不敢突破常规，缺乏开创性的想法，缺乏创新精神，墨守成规，拘泥于传统，故步自封，从而扼杀了许多有创意的思想和发明创造，阻碍了社会的进步和发展。

德国著名心理学家邓克尔通过烛台实验证实了缺乏开创性的想

— 45 —

法和创新精神对解决问题的不利影响。

该实验是让两组被试者解决相同的问题，但是设置问题的方式不同，目的是证明人们受事先导入的固定思维的限制，影响其解决问题的思考方式。

实验材料包括火柴、图钉、一支蜡烛、一个纸盒，研究者要求被试者在规定时间内完成任务——把蜡烛点燃竖着装在一个指定的屏风上，用以照明。

解决这个问题其实并不难，办法是：把火柴点燃，熔化蜡烛底面，把它粘在纸盒上，再用图钉把纸盒钉在屏风上。

研究者把被试者分为两组，其中一组被试者分到的实验材料是装着火柴、图钉、蜡烛的盒子，该组被试者一半以上没有在规定时间内完成任务，因为他们把盒子看作是装东西的物体，而解决问题却需要把它视为支撑物。对于另外一组被试者，研究者分发实验材料时作了另外一种布置，没有将纸盒中的火柴、蜡烛、图钉放入盒子，而是把它们和空纸盒各自独立地分发给被试者，目的是使被试者摆脱"盒子是装东西的"的思维限制。结果表明，第二组被试者大部分都能巧妙地利用空纸盒解决问题。

烛台实验给我们的启示是深刻的。一个不能打开思维思考问题的人，就是在对自己的潜能画地为牢，只能使自己无限的潜能被禁锢、被浪费。一个人只有具备开放性思维，勇于向不可能挑战，才有获得成就的可能，甚至创造出奇迹。

你相信用 80 美元就能环游世界吗？别以为这是天方夜谭，罗伯特就成功地做到了，成为 80 美元环游世界的第一人。

罗伯特是一位熟练的摄像师，他在年轻的时候，像许多青年人一样，喜欢读科幻小说。当他读完儒勒·凡尔纳的科幻小说《八十天环游地球》后，突发奇想："别人用 80 天环绕地球一周，我为什么不能用 80 美元环绕地球一周呢？"

对于罗伯特异想天开的想法，大多数人听了都觉得他是在痴人说梦，但罗伯特没有耽搁一分钟就开始行动了。他先和经营药物的查尔斯·菲兹公司签订了一份合同，保证为这家药物公司提供他所要旅行的国家的土壤样品。他又想办法获得了一张国际驾照和一套地图，条件是他为对方提供关于中东道路情况的报告。他四处奔波，让朋友设法替他弄到了一份海员文件，并且获得了纽约相关部门开出的关于他的无犯罪记录证明。为了旅行，他想得很周全，甚至为自己准备了一个青年旅游招待所的会籍。最后，他又与一家货运航空公司达成协议，该公司同意他免费搭乘飞机越过大西洋，条件是他要拍摄照片供公司宣传之用。

当年只有 26 岁的罗伯特完成了上述计划，他在衣袋里装了 80 美元，便乘飞机和纽约市挥手告别，开始了他 80 美元周游世界的计划。

在加拿大的纽芬兰岛甘德城，罗伯特吃了第一顿早餐。他没有付早餐费，但他给厨房的厨师照了相，厨师很高兴。在爱尔兰的珊龙市，罗伯特花 4.8 美元买了 4 条香烟。罗伯特深知，在许多国家，纸烟和纸币作为交易的媒介物是同样便利的。从巴黎到维也纳，精明的罗伯特送给司机一条香烟作为酬劳。从维也纳乘火车，越过阿尔卑斯山，到达瑞士，罗伯特又把 4 包香烟送给列车员，作为酬谢。在叙利亚首都大马士革，罗伯特热心地为当地的一位警察照相。这位警察为此感到十分高兴，便命令一辆公共汽车免费为罗伯特服务。伊拉克特快运输公司的经理和职员特别喜欢罗伯特为他们照的相，作为感谢，他们邀请罗伯特乘坐他们的船从伊拉克首都巴格达到达伊朗首都德黑兰。在曼谷，罗伯特向一家极豪华的旅行社经理提供了一些他们急需的信息——一个特殊地区的详细情况和一套地图。他为此受到了贵宾般的招待。最后，作为"飞行浪花"号轮船的一名水手，他从日本到了旧金山。

就这样，罗伯特用84天周游了全世界，并且他所有的旅资加起来只有80美元。他到哪里都能"因地制宜"，最终创造性地完成了自己的梦想。

这种经历我们大多数人可能连想都不敢想，但为什么罗伯特不仅想到了，而且做到了？其实他也是个和我们一样的平凡人，只是他比我们多了一份创新的精神和打破常规的勇气。

其实，人类历史上许多推动科技进步、影响社会进程的发明创造，都是前人一次次突破常规，创造得来的硕果。虽然在创新、挑战的路上经历了许多崎岖坎坷，但代价没有白费。

我们的先人很早就梦想像鸟一样在天空翱翔，这是一代代人的梦想，为实现这一愿望，出现了很多勇敢的尝试者。

大约在公元1020年，有个英国人叫奥利弗，他在双臂系上"鸟翅"，扑腾了200多米，坠了下来，结果跌断了双臂和双腿。

尽管他身负重伤，但他似乎还很开心，他说是他疏忽了，忘了安上个"鸟尾巴"！不过，康复之后，他再也没有试飞过。

公元 1507 年，意大利人约翰·达米恩在苏格兰试飞。他披着用鸡毛制作的翅膀，从斯多林城堡的高墙上纵身一跃，宛如石头下落，断了一条腿。达米恩异常失望，他说："我犯了个错误，我用的是鸡毛，而鸡是不会飞的。要是用鸟毛，我相信是会飞起来的。"不过，治好了腿之后，他如同奥利弗一样，再也没尝试过。

有位意大利科学家名叫约翰·鲍勒里，他对飞行之举思索了良久。在 1680 年，他写了一本书，列了许多令人折服的数据，证明人的臂膀装上翅膀是绝不能飞行的，他计算出人的双臂不够强壮，支持不了全身在空中飞翔。

然而，仍然有人无视鲍勒里的警告。1742 年，一位法国人尽管年事已高，却也缚上双翼，企图飞越巴黎的塞纳河。他从河边一座高楼的阳台跳下去，掉在了停泊在岸边的一只船上。他也断了一条腿。

1811 年，德国一位裁缝匠也决定一试。他在多瑙河畔造了一座木塔，从塔顶跳下去，"扑通"一声栽进河里，被救起时已是奄奄一息。

后来怎么样了呢？没有人再尝试飞行了吗？当然不是！

随着科学的进步、知识领域的不断延伸，此后在这方面努力想实现突破的人要顺利多了，至少不用再冒生命危险。于是，飞机发明了，降落伞发明了……

今天，人类的飞行史发生了伟大的革命。人类能飞上蓝天，飞上月球，飞上火星，在宇宙中自由地飞翔。如果在遭遇了一两次失败后就轻易得出"不可能"的结论，人类就不会有今天的成果和高度发达的文明了。

人的大脑就像取之不尽、用之不竭的宝藏，要用开放性思维不断开发才能发挥出更大的潜能。如果你总在思维定式的条条框框中打转，你永远只能故步自封，在自己设定的小圈子中画地为牢，成为井底之蛙，最终被时代抛弃。

"毛毛虫效应"：固定的思维定式

生活中，人们常常习惯于按照一种既定的模式思考问题，这样很容易限制自己的创造力，影响潜能的发挥。其次，这种习惯不仅是人类的本能，也是生物界的自然规律。

法国心理学家约翰·法伯曾经做过一个著名的实验：把许多毛毛虫放在一个花盆的边缘上，使其首尾相接，围成一圈。在花盆周围不远的地方，撒了一些毛毛虫喜欢吃的松叶。毛毛虫开始一只跟着一只，绕着花盆的边缘一圈一圈地爬。

一个小时过去了，一天过去了，又一天过去了，这些毛毛虫还是夜以继日地绕着花盆的边缘在转圈，一连爬了七天七夜。最终它们因为饥饿和精疲力竭而相继死去。

导致这种悲剧发生的不是别的，而是毛毛虫固守尾随的习性。于是，约翰·法伯就把这种习惯于盲目地做"跟随者"而导致失败的现象称为"毛毛虫效应"。

"毛毛虫效应"影响到方方面面。比如，在工作和日常生活中，对于那些司空见惯的问题，我们会下意识地选择按传统的做法去解决，一般不会尝试换个角度去想。虽然固有的思路和方法具有相对的成熟性，但与此同时，它们的消极影响也不容忽视，那就是容易使人拘泥于固有的经验和习惯，抹杀自己的创造性。

美国心理学家迈克曾经做过两个对比实验。在第一个实验中，他对部分参加实验者利用指导语给以指向性的暗示，对另一些参加实验者则不给以指向性暗示。结果，前者绝大多数能解决问题，而后者则几乎没有一个人能解决问题。可见思维定式对于解决问题有帮助作用。

在第二个实验中，迈克从天花板上悬下两根绳子，两根绳子之间的距离超过人的两臂长，一个人如果用一只手抓住一根绳子，那么，另一只手无论如何也抓不到另外一根绳子。在这种情况下，迈克要求参加实验者把两根绳子系在一起。他在离绳子不远的地方放了一个滑轮。其实，这个问题也很简单。如果系绳的人将滑轮系到一根绳子的末端，用力使它荡起来，然后抓住另一绳子的末端，待滑轮荡到面前时抓住它，就能把两根绳子系到一起，问题就迎刃而解了。然而系绳的人尽管早就看到了这个滑轮，却没有想到它的用处，没有想到滑轮会与系绳活动有关，结果没有完成任务。很多参加实验的人没能完成这个简单的任务，是因为他们效仿别人的常规做法，受思维定式所限而不去打开思路。可见，在有些情况下，思维定式对一个人解决问题起妨碍作用。

爱因斯坦有句名言："发展独立思考和独立判断的一般能力应当始终放在学习的首位，而不是获得专业知识。"他还说："他的成功首先应归功于他有自己正确的思考力和创新能力。"

如果你恰恰是个习惯于做跟随者的"毛毛虫"，奉行"随大溜"的处事原则，就应从如下方面去努力纠正这一习惯。

（1）主动思考

现代社会提倡多元化，张扬个性，鼓励创新。不要总是按照别人的想法生活和工作，不要一味地让别人的思想控制自己。别人的经验和建议可以借鉴，但自己要多思考，要有自己的思考和主见，不要成为盲目的"跟随者"。

（2）树立自信

很多人之所以人云亦云，有的是没有能力，有的是有自卑心理，更多的是不自信。要想保持敏锐的头脑和独立的思考，首先要相信自己的判断力，在发表意见时不要只迷信那些所谓的大人物或者权威，而让忧虑、犹豫压倒自己。

（3）不要因害怕失败而不敢尝试

有些人特立独行，敢于打破陈规，所以他们获得了很多的机会，发展得更好，取得了常人难以企及的成功。有些人总喜欢他人"扶着自己干事"，否则害怕失败。其实人不可能事事一帆风顺，遇困难或失败都是难免的，要有不怕失败、勇于尝试、从头再来的勇气与魄力。这样历经磨炼之后，你就会走向成熟，取得进步。

打破"一条道走到黑"的惯性思维

惯性思维，就是日常生活中人们常说的"一条道走到黑"，即习惯于按照约定俗成的一些繁文缛节、习惯、方法来思考和解决问题，但这种做法却不一定能取得最好的效果，是不可取的。

惯性思维一般与个人的世界观的形成有着内在的必然联系。由于惯性思维具有社会性、阶段性以及知识经验的局限性，所以它在一定的历史时期成为指导人们个人行为方式的固有模式。然而，当时代需要变更创新、新旧交替时，它又会成为时代发展的主要障碍，具体表现为以下几方面：一是思维模式，即通过各种思维内容体现出来的思维程序，既与具体内容有联系，又不是具体内容，而是许多具体的思维活动所具有的逐渐定型化了的一般路线、方式、程序、模式；二是强大的惯性或顽固性，不仅逐渐成为思维习惯，甚至深入到潜意识，成为不自觉的、类似于本能的反应，尤其表现为要改变一种思维定式是有一定难度的。

在当今时代，人需要有一点冒险精神，不能囿于惯性思维，不能"一条道走到黑"。要知道，不去尝试改变而"一条道走到黑"的人是永远不会成功的。

商业上有这样一个案例：

有位年轻人乘火车外出经商，火车行驶在一片荒无人烟的山野之中，乘客们一个个百无聊赖地望着窗外。前面有一个拐弯处，火车减速，一座简陋的平房缓缓地进入了乘客们的视野。就在这时，几乎所有乘客都睁大了眼睛，"欣赏"起寂寞旅途中这道特别的风景，有不少乘客开始议论起这房子来。

乘车返回时，这位年轻人灵机一动，中途下了车，不辞劳苦地找到了那座房子的主人。房子的主人告诉他："每天火车都要从房前驶过，噪音实在让人受不了，我本想卖掉房子，但房屋的造价不菲，又不能以太低的价格出售，因而很多年来一直无人问津。"

在仔细权衡之后，年轻人做了一个大胆的决定——用自己仅有的 3 万美元买下了那座房子。他觉得这座房子正好位于拐弯处，火车经过这里时都会减速，疲惫的乘客一看到这座房子就会精神一振，靠铁路这面墙壁用来做广告再好不过了。

很快，年轻人开始和一些大公司联系。后来，可口可乐公司看中了这座房子，和年轻人签了约。在 3 年租期内，年轻人收获了 18 万美元的租金。

这位年轻人的赚钱智慧真是让人赞叹。是啊，在世上各行各业，只有"不一条道走到黑"的人，才能另辟蹊径，获得成功。哪怕你白手起家、一文不名，只要敢于突破惯性思维的限制，你就可以做出一番事业。

有这样一位年轻人，他在年仅 26 岁时，便成为高级工程师、副教授；在短短 7 年时间里，他将镍镉电池产销量做到了全球第一、镍氢电池排名第二、锂电池排名第三；37 岁时，他成为饮誉全球的"电池大王"，坐拥 3.38 亿美元的财富；2003 年，他斥巨资高歌猛进汽车行业，誓要成为"汽车大王"……

他就是比亚迪股份有限公司董事局主席兼总裁王传福。是什么成就了他青年创业的神话，让他成为商界奇才呢？很多人认为是智慧和汗水，但王传福说："最关键的是我没有'一条道走到黑'，而是敢于进军新的领域。"

1966 年，王传福出生在安徽无为县一户再寻常不过的农民家庭，在父母的关爱下度过了无忧无虑的童年。然而，在他读初中时家里发生了一场变故，让他经受了心灵的创伤，从此变得沉默寡言。为了忘掉痛苦，年纪尚小的王传福便一心苦读书，养成了坚强忍耐的性格。他坚信，没有比人更高的山，没有比脚更远的路；他坚信，只要灵魂不屈，就一定能打拼出一个属于自己的王国。

1987 年 7 月，21 岁的王传福从中南工业大学冶金物理化学系毕业，进入北京有色金属研究院。在研究院期间，他更加刻苦，把全部的精力投入到电池研究中去。常言道："有志者，事竟成。"仅仅过了 5 年，26 岁的王传福便被破格委以研究院 301 室副主任的重任，成为当时全国最年轻的副处级干部。更让他意想不到的是，一个促使他从专家向企业家转变的机遇从天而降。

1993 年，研究院在深圳成立比格电池有限公司，由于和王传福的研究领域密切相关，王传福便顺理成章地成为公司的总经理。在有了一定的企业经营和电池生产的实际经验后，王传福发现，在作为自己研究领域之一的电池行业，要花 2 万 ~3 万元才能买到一部"大哥大"，国内电池产业随着移动电话的"井喷"方兴未艾。作为这方面的研究专家，眼光敏锐独到的王传福心动眼热，他相信，技术不是什么问题，只要能够上规模，就能干出大事业。于是，他做了一个大胆的决定——脱离比格电池有限公司单干。脱离具有强大背景的比格电池有限公司，辞去已有的总经理职务，这在一般人看来太冒险了。但王传福坚信：最美的风景总在悬崖峭壁，富贵总在险中求。

1995年2月，深圳乍暖还寒，王传福借了250万元，注册成立了比亚迪科技有限公司，领着20多个人在深圳莲塘的旧车间里扬帆起航。经过几年的努力，王传福成为著名的"电池大王"。

可见，在这个世界上，另辟蹊径往往能通往成功之门；"不一条道走到黑"，才能找到开启成功之门的钥匙。很多时候，只有敢于冒险，另辟蹊径，才能做成别人做不成的事业。

为了避免在日常的惯性思维中陷入"一条道走到黑"的歧途，我们要有意识地培养开创性思维，避免陷入惯性思维的泥潭。

你是否担心自己已经陷入了惯性思维的泥潭？下面来测试一下自己吧：

1. 广场上有一匹马，马头朝东站立着，后来又向左转了270度。请问，这时它的尾巴指向哪个方向？

2. 你能否把10枚硬币放在同样的3个玻璃杯中，并使每个杯子里的硬币都为奇数？

3. 天花板下悬挂两根相距5米的长绳，在旁边的桌子上有些小纸条和一把剪刀。你能站在两绳之间不动，伸开双臂双手各拉住一根绳子吗？

4. 玻璃瓶里装着橘子水，瓶口塞着软木塞。既不准打碎瓶子、弄碎软木塞，也不准拔出软木塞，怎样才能喝到瓶里的橘子水？

5. 钉子上挂着一只系在绳子上的玻璃杯，你能既剪断绳子又不使杯子落地吗？（剪绳子时，手只能碰剪刀。）

6. 有10只玻璃杯排成一行，左边5只内装有汽水，右边5只是空杯。现规定只能挪动两只杯子，使这排杯子变成实杯与空杯相交替排列。请问如何移动两只杯子？

7. 有一棵树，树下面有一头牛被一根2米长的绳子牢牢地拴住鼻子，牛的主人把饲料放在离树5米之外就走开了，牛很快就将饲料吃了个精光，牛是怎么吃到饲料的？

8. 一只网球，使它滚一小段距离后完全停止，然后自动反过来朝相反方向运动，既不允许将网球反弹回来，又不允许用任何东西打击它，更不允许用任何东西把球系住，怎么办？

答案：

1. 朝下。

2. 再加一枚放就行了，因为没说杯子里面一共只能有10枚硬币。

3. 先拉住一根绳子再走过来拉住另外一根，站在中间不动就行。

4. 把木塞推进去。

5. 剪一截多出来的绳子头。

6. 将2、4号杯子里的水倒进7、9号杯子。

7. 牛没有被拴在树上。

8. 用跷跷板原理。

心理学家指出，打破惯性思维需要三个步骤，即发现、承认和改正。首先，要有明确的认识，知道自己的优势与不足，具有反思意识和批判意识。其次，要以开放性思维代替惯性思维。开放性思维最大的特点是思维活动的无阻碍性和时空跨度，可以最大限度地获取信息，表现在空间上，就是既要向内看，又要向外看，这样，一个人就可以既了解自身的内在心理需求，又可以根据外界的变化适时地调整自己，把自己和外部世界联系起来，实现信息交互。最后，要通过自我发展、自我创造来弥补不足，把思路打开，取人之长，补己之短，这样才会不断进步。

远离"完美主义"的陷阱

在很多时候，人们之所以苦恼，并不是因为对"美"的追求，而是因为对"完美"的追求。在别人身上，我们常看到的是最精彩的部分；而在自己身上，我们常看到的却总是最遗憾的部分，因此，在我们很多人的眼中，自己的人生总是有那么多的不顺利。但人如果总这样想，让自己一直这样下去，本来美丽的人生将失去色彩。

英国首相丘吉尔有句名言："完美主义等于瘫痪。"这很精辟地阐明了完美主义的害处。

正是因为这种刻意追求完美的态度，使得很多人不能容忍缺陷的存在，所以，经常会因为一点小缺陷遮住了眼睛，使目光滞留在那一点小缺陷上，而忽略了身边其他美好的存在。

某超市新进了一批样式新颖、色调分明的高档杯子，超市的经理相信这些杯子一定可以成为抢手货。但奇怪的是，一个月过去了，购买这款杯子的顾客却很少。看到如此漂亮的杯子，很多顾客先是大喜，但是当拿到手里仔细观察以后却都摇摇头，放下杯子便离开了。经理百思不得其解，于是请一位心理学家来帮他分析。

心理学家拿起一个杯子，仔细看了一番之后对经理说："你叫人把这批杯子上的盖子都拿下来，然后把杯子放在柜台上原价出售看看。这批杯子的杯身的确设计新颖，做工也很精细，但是盖子上却有一处缺陷，顾客们很想买这个杯子，但又觉得买了有点吃亏。现在盖子拿走，它们就成了完美的杯子了。"

超市经理按心理学家说的做了。没过多久，这批杯子真的被抢购一空。

可见，人们常常刻意追求完美，被"完美"的陷阱所迷惑。

无独有偶。

在美国有人曾经做过一项民意调查："你愿意用克隆的方法获得一个完美无缺的孩子吗？"

民意调查的结果显示，只有6％的人希望得到完美无缺的孩

远离『完美主义』的陷阱

子，而76%的人却对此毫不动心。有对夫妇说："我们已经领养了4个孩子，他们有着不同的肤色和不同的家庭背景。不要说'完美'，他们从相貌、智力上都和正常的孩子有一定的距离。其中有两个孩子因为智力不足需要长期耐心地辅导。但是，要是有人用完美的克隆儿和他们交换的话，我们只有一个答案：不换！"

完美无论从哪个方面，都只能说是相对的，世界上没有什么东西是一点瑕疵都不存在的。美玉都有瑕，何况他人他物。

下面这个事例说明太过追求完美所造成的悲剧。

某地有一个医生，在家附近开了一家私人诊所。由于他医术高超，为人勤恳又努力，所以在不惑之年时他已经是腰缠万贯了，和他结交的人都是社会名流，他家门前经常是车水马龙。

这个医生有三个女儿和一个儿子，儿子一表人才、眉清目秀，女儿也亭亭玉立。这个医生有一个习惯，就是要在晚饭后出去散步，而且只让儿子陪同。每次散步的时候，医生都会和儿子谈论人生，他常常语重心长地对儿子说："你要有雄心壮志，千万不可不勤奋，你的人生要完美，爸爸已经给你规划好了：要进最好的学校，进最好的医学院，然后去国外读书，回来后要当一个一流的医生！"

这样的教导，儿子从小到大听了无数遍，他不但听话懂事，而且聪明过人，学习成绩一直名列前茅，于是按父亲计划，顺理成章进了当地最好的医学院。上大学后他对人彬彬有礼，刻苦学习，捷报频频。可是问题也随之出现了。当地有一个规定，每个男子都必须服兵役一年。这本来没有什么大不了的，可是对于把儿子的未来设想得绚丽多彩的医生来说，这可以说是一个重大的打击。为了使儿子可以逃避兵役，医生想了很多办法，但都没有成功。

儿子服役临走的时候，医生对儿子说："就把这一年算作是完美人生中可以减去的一年吧。"在路上他还不忘叮咛儿子："儿子，操练完你一定要找个角落苦背英文单词，千万不要忘记啊！"

儿子去服役的那一年，医生觉得日子比一个世纪还要长，甚至给人看病的时候都无法集中精力。时光如流水，转眼就要到儿子服役期满的时候了。但就在这个时候，有人送来了一个晴天霹雳似的消息：儿子在军营里不幸身亡了！儿子因为和别人发生了一次口角，耿耿于怀，甚至忘记了自己的远大前程，一时无法忍受，最后愤然举枪自杀了。

医生怎么可能接受这样的打击？他发誓定要查出"迫害"儿子的人不可，这一查就是几年。几年下来，他的事业荒废了，业务水平下降了，钱包也日渐干瘪，自己更是失魂落魄，日渐衰老。最终，他不得不把诊所关了。又过了一年，积郁已久的医生在家里突然大发雷霆，砸碎了家里名贵的物品，妻子小心翼翼地将碎物收拾到房间外，可是转眼却被反锁在门外。妻子顿时觉得不妙，急忙找人砸门，但是为时已晚，只见火光如柱，又听到一声惨叫……

完美主义者的最大特点是追求完美，也许在人生的开始阶段会有一股永不罢休的劲头，但之后力量就会衰减，原因就在于在人生过程中，"不完美"会频频出现，他们想要避免却根本力不从心，这种感觉日积月累，使他们整天生活在挫折、失败、碌碌无为和恼怒的情绪中无法自拔，最终一事无成、一败涂地。

维纳斯断掉的臂膀将它推向了艺术的巅峰，它如果被雕塑家接上胳膊，会不会还是如此"完美"的杰作？

人生的缺憾往往能成就"完满"的人生。偶尔的失意和失去虽然是一种缺憾，却让人们的生活变得更加丰富和多姿多彩。其实，若是人生真的能够事事如意，那人生就等同于一潭死水，毫无生机，毫无亮点。

无论是凡人还是伟人，无论是智者还是普通人，无论是官运亨通者还是时运不济者，都会无可避免地有遗憾。遗憾总是伴随着生命的整个历程！身为平凡人，每个人的人生中都有自己的精彩，也有各种各样的不完美。接受生活中的不完美，就像接受不同的色彩，人生中正是因为有了不同的色彩，才会绚丽夺目。

你是完美主义者吗？请尝试回答以下问题：

1. 当你在工作的时候，别人说话或打岔时你的注意力是否会被破坏，你是否会感到愠怒？

2. 当你在计划购物时，你是否不想理睬向你推销的人，而是去找一些你需要的信息然后再作定夺？

3. 你是否对那些做事随随便便的人感到非常厌恶，并且暗自批评他们对自己的生活太不负责？

4. 你是否总是想，某件事如果换另一种方式去做，效果也许会更加理想？

5. 你是否经常对自己或他人感到不满，因而经常挑剔自己所做的任何事或他人所做的任何事？

6. 你是否经常因顾及别人的需求而放弃自己的需求和机会？

7. 你是否经常做任何事都全力以赴，却又常常希望自己能够再轻松些？

8. 你是否常常心里计划今天该做什么、明天该做什么？

9. 你是否经常对自己的服装或居室布置感到不满意，而时常变动它们？

10. 你是否经常因为别人没能一次就把事情做好，而亲自去重做这件事情？

结果分析：对于这些问题，若你都回答"是"，无疑你与完美主义者相去不远。

生活中、事业上，尽管并不是所有的付出都意味着收获，尽管不是所有的追求都能绽放出花朵，但我们并不能因此而不去努力、不去奋斗。倘若每件事都那么完美、没有遗憾，那就不会有挑战、有希望，更不会有未来。所以，我们在人生路上，要调整好心态，不刻意追求完美，避开完美主义的陷阱。

"哈根达斯" 实验：幸福究竟是什么

每个人对幸福的理解都不同，那么，幸福究竟是什么？

心理学上有个经典的心理实验——"哈根达斯"实验，也被称为幸福实验，测试的就是不同的人对幸福不同的心理体验。

在该实验中，消费者在面对一大、一小两杯冰淇淋的选择时，哪怕那个 10 盎司的大杯里其实装着的是 8 盎司冰淇淋，而那个 5 盎司的杯里装着的不过是 6 盎司冰淇淋，就因为消费者看到的是一个没装满，而另一个溢了出来，他们的选择就会倾向于小杯，甚至会为这杯少的付出高价！

心理学家通过"哈根达斯"实验告诉人们，人并不总是理性的，很多时候更容易受主观意识的影响。人们在评价一样事物的时候，很多东西往往能够左右人们的判断，从而影响人们的心理满足感。

那么，幸福的标准到底是什么呢？心理学家进一步进行了研究。心理学家让受试者表达对幸福的感受，并规定以"我希望"开头，例如："我希望像比尔·盖茨那样富有。""我希望我是贝克汉姆的爱人。""我希望中百万大奖。"然后，心理学家要求受试者再表达三种感受，以"还好我不是"开头，例如："还好我不是绝症患者。""还好我不是乞丐。""还好我老公没有暴力倾向。"

调查结果显示：同一批受试者，在说完"我希望"的感受后，心情都会变得比较差，而说完"还好我不是"的感受后，心情都会变得比较好。

接下来，心理学家给受试者讲了个故事：有一位青年家世很好，学业顺利，衣食无忧。但是他从来不知道什么能够让他快乐，他认为人生一切都是被安排好的，因此认为没有意义；认为人活着都会逐渐衰老、死亡，没有意思。随后，心理学家测试受试者听完这个故事的反应，结果发现，受试者在听的过程中，心跳、脉搏等数据反映出受试者内心有着无奈和烦恼的情绪。

接着，心理学家又给受试者讲了一个事例：如果今天早上你起床时身体健康，没有疾病，那么你比其他几百万人更幸运，因为

「哈根达斯」实验：幸福究竟是什么

他们甚至看不到下周的太阳了；如果你从未尝过战争的危险、牢狱的孤独、酷刑的折磨和饥饿的滋味，那么你的处境比其他数亿人更好；如果你能随便进出教堂和寺庙而没有任何被威胁、暴打和杀害的危险，那么你比其他数亿人更有运气；如果你的冰箱里有食物，身上有衣可穿，有房可住，有床可睡，那么你比世界上数亿人更富有；如果你在银行里有存款，钱包里有钞票，盒子里有零钱，那么你属于世界上8％的最幸运之人；如果你父母双全，夫妻没有离异，那么你就是那种很"稀有"的幸福之人。讲完后，心理学家测试受试者听完这个事例的反应，发现受试者在听的过程中，心跳、脉搏等数据反映出平稳的状态，他们的情绪也明显愉悦起来。

通过上述实验，我们可以看出，幸福是一种主观判断，一个人幸福与否通常是通过"比较"得出的。

在这个世界上，每个人其实都是沧海一粟。向往逍遥自在，期盼过幸福的日子，是每个人的天性，但真能做到却并没有那么容易。很多人改变不了环境，但可以改变自己；很多人改变不了事实，但可以改变行动；很多人改变不了过去，但可以改变现在；

很多人不能控制他人，但可以掌控自己；很多人不能预知明天，但可以把握今天；很多人不能选择容貌，但可以展现才华！人只有心怀高兴之情去欣赏世界，才可发现可爱的一面，才有机会去享受真正属于自己的幸福人生。

约翰·卡尔是一名犹太籍的心理学博士。在"二战"期间，他幸免于难，却没能逃脱纳粹集中营里惨无人道的折磨。他曾经绝望过，因为那里只有屠杀和血腥，没有人性，没有尊严。那些持枪的人像野兽一样疯狂地屠戮着，无论面对的是怀孕的母亲、刚刚会跑的孩子，还是年迈的老人。

卡尔时刻生活在恐惧中，这种对死亡的恐惧让他感到一种巨大的精神压力。集中营里，每天都有人因此而发疯。卡尔知道，如果自己不控制好意识，自己也难以逃脱精神失常的厄运。

有一次，卡尔随着长长的队伍到集中营的工地上去劳动。一路上，他一直在想：晚上能不能活着回来？能否吃上晚餐？他的鞋带断了，能不能找到一根新的？这些担忧让他感到厌倦和不安。他感到自己快崩溃了。后来，他强迫自己不想那些"倒霉"的事，而去幻想自己是在前去演讲的路上。他幻想自己来到了一间宽敞明亮的教室，精神饱满地在发表演讲，台下的听众欢欣鼓舞，他的内心感受到了久违的幸福，脸上慢慢浮现出了笑容。卡尔知道，这是久违的笑容。

当卡尔知道自己也会笑的时候，他也就知道了，自己不会死在集中营里，因为，他要追求幸福的生活，他要活着走出去。当卡尔被从集中营中释放出来时，他的精神显得很好。他的朋友们不相信一个人可以在"魔窟"里保持年轻。

但事实确实证明，一个人对幸福的憧憬可以击败厄运，可以为日渐枯萎的生命注入新鲜的甘露，使人生开出幸福的花朵。

所以，让自己能经常保持幸福的心境，多寻找日常点滴中的快乐，阳光才能照进你敞开的心灵。以下是一些提升幸福感的建议：

（1）时常微笑

当我们面对困惑和无奈时，绝不能愁眉苦脸，而是要大大方方地给自己一个笑脸。给自己一个笑脸，会让自己拥有一份坦然和轻松，会让自己勇敢地面对困难，坚定自己追求幸福的信心。

充满笑容的人总是以一种平和的心态、豁达的心境，激励着自己带着追求幸福生活的力量从容地度过岁月，即使是独步人生，即使会遇到种种困难，甚至处于举步维艰时。征途茫茫有时会看不到一丝星光，长路漫漫有时会走得并不潇洒浪漫，但只要不忘给自己一个笑脸，就会唤醒内心追求幸福的企望，会勇敢闯过一道道难关。笑容是人们发自内心的一种鼓励自己追求幸福的力量，会鼓舞着人们插上翅膀在幸福的天空中翱翔。

（2）把工作当成追求幸福的手段

工作虽然是养家糊口的一种手段，但不要总以无奈和痛苦的心情去看待它。如果你对工作怀有一种热爱之情，把工作当作激励自己进步的阶梯，把工作的成绩当作是对自己努力的回报，工作将成为你的人生幸福感取之不尽的重要源泉。

（3）培养多种兴趣爱好

幸福不仅仅存在于忙碌的工作中，一个人感兴趣的事情越多，从中感受到幸福的机会也就越多。文艺歌舞、爬山钓鱼、琴棋书画、读书会友……只要有时间，你都可以去做。闲情逸趣除了使人得到放松外，还可以给人许多精神上的裨益，这些都是人生幸福的重要来源。

（4）献出自己的爱心

人生幸福的重要源泉是人与人之间的爱。单方面得到爱并不能给人幸福感，还应当献出自己的爱心，唯有得到爱和给予爱的同时，人才会感到真正幸福。

交流场：交际中的吸引定律

在生活中，我们对自己熟识、尊敬的人，总是会发自内心地对他们嘘寒问暖，倍加关怀，期盼他们能得到幸福。反过来，他们也会出于友情和感激对我们付出同样的关爱、帮助，由此双方之间的感情会更加和睦，这是人之常情。

每个人都有感情需求，尊重并满足别人的感情需求，别人才会尊重我们的感情需求。如果不能秉持这种交往原则，我们实际上也就无法取悦他人，吸引他人。

对此，心理学家提出了人际交往中的吸引定律。

美国宾夕法尼亚的精神病学家斯蒂芬·巴雷特博士发现，有些人不仅确实有与人交往的窍门，而且他们自身也具有某种吸引力，于是成为其他人愿意亲近的目标，巴雷特博士把这种特点叫作"交流场"。他相信人的面部表情、体态、声调、用词以及说话的方式会形成一种别人清晰可感的"交流场"。"人们通常凭本能就会知道哪些人喜欢自己,"巴雷特博士说,"我们遇到一个完全陌生的人,在几秒钟之内就会知道对方是否愿意和我们待在一起。有些人总是传递出吸引和鼓励他人的信号。"

吸引定律告诉我们,要让他人接受自己的观点,与他人更亲密,首先就要了解对方,通过和对方交流,了解对方所能接受、熟悉或喜欢的观点或思想,并表明自己与对方的态度和价值观相同,从而很快地缩小双方之间的心理距离,形成良好的人际关系,进而就可以把自己的想法通过合理的方式巧妙地暗示给对方,争取得到对方的支持和配合。打个比方来说,社交中高明的"钓手",会针对所钓的"鱼儿"喜欢什么而投其所好,"鱼儿"往往容易上钩;而拙劣的"钓手"则只用自己喜欢的做"鱼饵",不考虑"鱼儿"的喜恶,所以很难钓到想要的"鱼儿"。

纽约有一家面包公司的经理为了争取到一家大型旅社的合作,在四年中不断地去拜访那家旅社的董事长。他虽然用尽了交际手腕,想尽了一切办法,但都没能成功。后来他想到一个方法,那就是先引起那位董事长的注意和喜欢。

面包公司的经理了解到这位董事长是美国旅馆同业公会主席，兼任世界旅馆业同业公会主席，对于会务非常热心，于是在又一次去见这位董事长时，他先畅谈了一番关于同业公会的情况。这段话立刻引起了这位董事长的极大兴趣，两人眉飞色舞地足足谈了半个小时，临别时，董事长还有些依依不舍，竭力劝他也加入公会。没过几天，那家旅社就来了一个电话，要他把面包的样品和价目表送过去。连那位面包公司的经理也没有想到，他们的一席谈话，竟达到了四年来无数次殷勤拜访都没有达到的效果！

可见，要想讨人欢喜，吸引别人的注意，加深双方的感情，就先要学会迎合对方的兴趣！而想要迎合对方，极为有效的一点是通过话题的选择，了解对方微妙的心声，沟通彼此的思想，倾诉复杂的情怀，进而打开局面，迅速地进行有效的沟通。我们不妨从以下几个方面入手试试看。

（1）围绕对方的优势和需求，寻找"闪光点"

任何人都有自己的优势和需求，比如事业追求、人生追求，比如自己引以为豪的工作、家庭等等。准确找到对方的优势和需求，精准"出击"，你会发现，一旦与他们谈论起他们关心的话题、得意之事时，他们就会变得神采飞扬起来。

（2）围绕兴趣爱好，寻找"共鸣点"

每个人都有自己的兴趣爱好，即使是一个沉默寡言的人，只要与他人谈起他的兴趣爱好，也会口若悬河。与人初次见面，当你还不知道对方的兴趣爱好是什么时怎么办？不要紧，这时不妨先谈谈你自己的兴趣爱好，来个抛砖引玉，然后在双方的兴趣爱好里寻求"共鸣点"，以此增加了解、增进沟通。

（3）围绕环境氛围，寻找"着眼点"

环境氛围是一个动态变化、随意性较强而又具有丰富内涵的话题。通过抓取环境氛围这一话题，可以折射出一个人的思想观念、品德智慧、为人处世等方面的特点。可以这样说，一个善于观察事物、分析问题、处理矛盾的人，只要把话题的"着眼点"放在环境氛围上，话题就会取之不尽、用之不竭。

（4）围绕社会生活，寻找"兴奋点"

社会生活包罗万象，一个人在生活中总会有一些最深切的体会、最想说的话、最厌恶或最喜欢的人和事、最关心或最希望得到的情感与事物。当你与他人的谈话出现"卡壳"时，可以尝试着挑上述所言中一个你最兴奋的"点"去谈，这样就比较容易打开交往的局面。

晕轮效应：人际聚集定理

心理学家研究发现，人与人之间的相处总是遵循着人际聚集的晕轮效应。那么，什么是人际吸引的"晕轮效应"呢？

中国有句俗语：物以类聚，人以群分。相处和谐的人在品德方面是有共鸣的。比如，热情的人往往对人亲切友好，富于幽默感，肯帮助别人，容易相处；而冷漠的人则往往较为孤僻、古板，比较难相处。所以，某人如果有"热情"或"冷漠"的核心特征，就会自然而然地吸引那些有相关特征的人。

另外，就人的性格结构而言，各种性格特征在每个具体的人身上总是相互联系、相互制约的。例如，具有勇敢正直、不畏强暴性格特征的人，往往表现在处世待人上就是襟怀坦白、敢作敢为；而具有自私自利、欺软怕硬性格特征的人，往往表现在待人处世上就是虚伪阴险、心口不一。所以，人们既可从一个人的外表知其内心，又可从一个人的内在性格特征泛化到对其外表的评价上，这就产生了人际聚集的"晕轮效应"。

"晕轮效应"最早是由美国著名心理学家爱德华·桑戴克于20世纪20年代提出的。桑戴克认为，人们对他人的认知和判断往往只是从局部出发扩散，而得出整体印象，即常常以偏概全。一个人如果被标明是"好"的，他就会被一种积极肯定的光环笼罩，并被赋予一切好的品德；一个人如果被标明是"坏"的，他就会被一种消极否定的光环笼罩，并被认为具有各种坏的品德。这就好像刮风天气前夜月亮周围出现的圆环月晕，其实，这圆环月晕不过是月亮光的扩大化而已。据此，桑戴克为这一心理现象起了一个恰如其分的名称——"晕轮效应"，也称为"光环作用"。

心理学家戴恩也做过一个相关实验：他让被试者看一些照片，照片上的人有的很有魅力，有的毫无魅力，有的魅力中等；然后让被试者从与魅力无关的特点方面评价这些人。结果表明，被试者为有魅力的人比为无魅力的人赋予了更多理想的人格特征，如和蔼、沉着、善于交际等。

可见，在日常生活中，人们常常会以貌取人。

"晕轮效应"不仅常表现在以貌取人上，而且常表现在以一个人的服装评定其地位、性格等方面，甚至表现在以一个人的初次言谈评定其才能与品德等方面上。在对不太熟悉的人进行评价时，晕轮效应体现得尤其明显。

美国心理学家凯利以麻省理工学院的两个班级的学生分别做了一个实验：上课之前，实验者向学生宣布，临时请一位研究生来代课，接着告知学生有关这位研究生的一些情况。但是，实验者在向一个班的学生介绍时说这位研究生具有热情、勤奋、务实、果断等品德，而向另一班的学生介绍时除了将"热情"换成了"冷漠"之外，其余各项信息都相同。两种介绍产生的差别显而易见：下课之后，前一个班的学生与研究生一见如故，亲密攀谈；而另一个班的学生却对研究生敬而远之，冷淡回避。

介绍中的"一词之别"，竟然会影响整体的印象，学生们戴着这种有色眼镜去观察代课者，这位研究生就被罩上了不同色彩的"晕轮"。可见晕轮效应的影响之大。

无疑，"晕轮效应"是在人际相互作用过程中形成的一种夸大的社会现象。人们对他人的认知判断往往是主观的、片面的，主要是根据个人的好恶得出的，然后再从这个判断推论出认知对象的其他品德。因此，一个人对另一个人的最初印象决定了他对评价者的总体看法，而非对方的真实品德。这种"由表及里"的推断，含有很大的偏见成分。因此，我们只有在认识他人的问题上，不满足于表象，而注重了解对方的心理、行为等深层结构，才能有效避免"以貌取人"、以"服装取人"的"晕轮效应"。

所以，在人际交往中，我们要对他人产生确切、深刻的认识，就一定要记住人是具有丰富多样性的，要不断地修正头脑中由于刻板印象所造成的偏见和假象，告诫自己不要被"晕轮效应"所影响，而陷入对他人认识的误区。

当然，"晕轮效应"也有积极的一面，就是人可以利用自己渊博的学识、优雅的风度、高尚的谈吐、真诚的爱心去吸引别人，赢得别人的喜欢，拥有"好人缘"。

那么，如何利用人际交往中的"晕轮效应"，在社交中与别人和谐相处呢？以下建议可供参考：

晕轮效应：人际聚集定理

（1）对待他人持一种友好的、不带成见的态度

我们应该认识到，每个人都是独一无二的。实际上，社会上形形色色的人都有，不必对别人不合自己心意的地方耿耿于怀甚至怀着厌恶的感觉，要始终对他人持一种友好的、不带成见的态度，这样才能让他人觉得你和蔼可亲。

（2）充满爱心，乐于助人

美国作家荷马·克洛维是一个充满爱心、十分懂得交友之道的人。凡是碰到他的人，无论是清洁工还是百万富翁，都会在与他相处 15 分钟之内对他产生好感。小孩会爬到他的膝上，朋友家的仆人会特别用心地为他准备餐点。假若有人宣布："今晚荷马·克洛维会到这里来！"那么，当天的宴会一定没有人缺席。除了和朋友间深厚的感情之外，他的家人也都十分敬爱他。

荷马·克洛维究竟是如何赢得"好人缘"的呢？说来很简单，就是他待人诚恳、乐于助人。对他来说，对方不管是什么人，要做什么事，只要是他自己力所能及的，他都愿意去做、去帮忙。久而久之，人们也就乐于亲近他了。

可见，拥有一颗爱人、助人之心，你身边的朋友一定越来越多。

（3）真心诚意地关注和赞赏别人

没有人会不被真心诚意的关注和赞赏所触动。

成功学家奥格·曼狄诺经历过这样一件事：

有一年夏天，天气又闷又热，他走进拥挤的列车餐车去吃午饭。在服务员递给他菜单的时候，他说："今天那些在炉子边烧菜的小伙子一定够辛苦。"

服务员听后吃惊地看着他说："上这儿来的人不是抱怨这里的食物不可口，就是指责这里的服务不到位，要不就是因为车厢内闷热而大发牢骚。19 年来，您是第一个对我们表示同情的人。"

曼狄诺据此得出结论说："人们所需要的，是一点作为人所应享有的关注和赞赏。"

为什么赞赏和关注在人际关系中如此重要呢？因为当你真诚地感谢他人、大方地赞美他人、对他人的努力怀有敬意时，你其实是肯定了他们的价值，他们的心就会充满感恩及源源不断的活力。他们也将乐意与你为伍，为你提供更多的帮助。

真诚的关注和赞赏不仅会给他人带去温暖，也会给自己带来极大的愉悦。它会给平凡的生活带来温暖和快乐，把四周的喧闹声变成"音乐"。

一个善于真诚地关注和赞赏别人的人，一定是一个富有魅力的人。

"边际效应"：锦上添花不如雪中送炭

在这个世界上，不是你给予别人的越多，别人就越感动。爱与信任是最让人内心幸福的，可以让人找到更多笑对生活的理由。爱与信任是人生的滋养品，也是信念的原动力，能让人从心底燃起希望之火。但是在很多时候，锦上添花不如雪中送炭，在别人需要帮助时不吝惜自己的付出，远比在别人成功时大肆赞美更能让人铭记，这就是"边际效应"。

经济学上也讲"边际效应"，是指通常状况下，人们对物品的价值的判断不只来源于物品本身，在很大程度上是根据自己的需求、欲望等得到满足的程度来进行的主观判断。人们总会认为自己得到的东西越多就会越高兴，实际上却并非如此。

这是什么原因呢？这是因为，对于同样的物品，在没有得到的时候，人们对这个物品的好奇心会被极大地激发出来，于是产生了强烈的需求感和占有欲。当第一次得到这个物品的时候，人能体会到极大的满足。但随着熟悉感的增强，好奇心逐渐下降，它能够带给人的心理刺激就会越来越小，满足感也会越来越小，其边际价值也就会降低。推而广之，生活中的诸多事物都同此理。

心理学家曾做过这样一个实验：

有一个乞丐，穷得连双鞋子都没有。冬天就要来了，得到一双鞋子，对他来说是十分要紧的一件事。

一天，他意外地得到一双鞋，心理学家让他对这双鞋子进行评分，乞丐连看都没仔细看，拿起就穿上了，因为他才不管这双鞋子是否赶得上潮流、是否合适，心理学家诱导他说，10 分最高分，3 分是低分，乞丐立刻给这双雪中送炭的鞋子打了 10 分。接下来惊喜不断，又有一些人陆续给他送来了鞋子，但当心理学家再让他给之后送来的鞋子评分时，却发现他给的分数越来越低了。

由此，心理学家得出结论：消费或享用同样的东西给人们带来的心理满足感会越来越少。这其实就是"边际效应"递减法则的一个表现。同样的道理，在人们的感情和心理上，锦上添花远不如雪中送炭。

加拿大有个 6 岁的小男孩瑞恩。一天，他看电视得知，在非洲，由于没有干净的水喝，每年都有成千上万的人因此致病。

　　瑞恩难过极了，当他听到"70 美元可以捐一口井"的时候，激动不已。第二天，瑞恩向父母要了 70 美元，但父母谁也没当回事。是啊，有多少人会把一个小孩子的话当回事呢？后来，瑞恩每天都向父母请求。无奈之下，他的父母想出一个对策：让他做家务自己赚钱。瑞恩马上点头答应。父母的本意是以此打消瑞恩的积极性，不料，半年过去了，瑞恩非但没有放弃做家务，反而干家务干得更起劲了。

　　慢慢地，家人和邻居都知道了这件事，都被瑞恩的执着感动了，纷纷加入"为非洲孩子捐一口井"的活动中。不久，瑞恩的故事出现在加拿大的各大媒体上，不到一个月，就有上千万美元的汇款来支持瑞恩的梦想。

　　几年过去了，瑞恩的梦想已经基本实现，在缺水最严重的非洲乌干达，有 56％ 的人能够喝上纯净的井水了。有记者问瑞恩："是什么让你坚持做这件事情的？"瑞恩说："因为我坚信，这个世界上没有什么比帮助正急需帮助的人更值得马上去做的事了。人们

『边际效应』：锦上添花不如雪中送炭

常说，要爱别人、爱我们的同胞，就是这样的力量让我的爱不熄灭！"

是啊，我们要想让这个世界充满爱心和温馨，没有歧视和仇恨，就应学会雪中送炭，从零做起，恰当而适时地献出自己的一份爱心，让这世界因自己付出的一份爱心而变得温暖起来。

一次，罗宾出差时被困在芝加哥机场，当时大雪漫天，乘客们被困在那里已经有两天了。有人一天到晚地叫嚷"我要离开这里！"有人不断向航空公司打听情况，还有人唉声叹气，抱怨个不停。孩子们无法理解眼前的局面，哭哭闹闹的，把人们弄得更心烦。

然而，罗宾注意到，在被困的这群人中有一位中年妇女，她始终神色平静。后来，她看着那些焦虑的父母无法应付小家伙们的哭闹，就挨个走到带孩子的父母面前说："来，把孩子交给我吧！我要搞个幼儿园，给孩子讲有趣的故事。您可以借这个机会喝口水、上厕所或是买些东西吃。"

后来，在她的带动下，不少母亲和她一起把孩子们聚集在一块儿，真搞成了一个"幼儿园"。老人们也被吸引来了，忧愁的心情被冲淡了不少，人们不再愁眉苦脸，孩子不再哭闹。后来，飞机终于可以起航了，大家此时已经成为了朋友，分别时竟还恋恋不舍。

罗宾说他当时内心受到了很大的触动。他立刻想到了"雪中送炭"这个词，他深深地被这位朴实的中年妇女这种强烈的为他人着想而做出努力的精神震动了。他认为，共处一个场合，同被风雪所困，如果人们都以这种态度做些努力，不管处境多么糟糕，都将从中得到一种幸福和温暖。推而广之，在社会生活中，也是一样。如果每个人都能去尽量地关爱他人，努力为世间的美好而努力，社会就会充满温情。

在你身旁，也许就有一个孤独的朋友需要得到鼓励和安慰，也许就有一位消沉的老人需要关心和帮助。这些都是值得人们去做的。很多助人之事虽然不是惊天动地之举，但雪中送炭，往往最能温暖人心。

"关爱麻木实验"：助人才是快乐的

心理学家曾做过一项研究，研究结果表明：成功的人都是乐于助人的。他们总是主动结交朋友，参加各种公益活动，尽己所能地帮助他人，在合作中不谋私利。如同赠人玫瑰，手有余香。助人者收获的不只是财富，还有友情、快乐和内心的幸福。

任何人际关系，无论是私人交往，还是业务往来，如果以利益来权衡，那么，它就只是苍白的、冷酷的；如果是以爱作为纽带，那么，在互利互惠的同时，也能使人感受到温暖和幸福。

有这样一个寓言故事：

有一个人和上帝讨论天堂和地狱的问题，问天堂和地狱究竟有什么区别。上帝对他说："来吧！我让你看看什么是地狱。"

他们走进一个房间。房间里，一群人围着一大锅肉汤，但每个人看上去都一脸饿相，瘦骨伶仃。他们每个人都有一只可以够到锅里的汤勺，但汤勺的柄比他们的手臂还长，他们没法把汤送进自己的嘴里，就是有肉汤却喝不到肚子里，只能"望汤兴叹"，无可奈何。

"来吧！我再让你看看天堂。"上帝把这个人领到另一个房间。这里的一切和刚才那个房间没什么不同，都是一锅汤、一群人、一样的长柄汤勺，但大家都身宽体胖，正在快乐地唱歌。

"为什么？"这个人不解地问，"为什么地狱的人喝不到肉汤，而天堂的人却能喝到？"上帝微笑着说："很简单，因为在这儿，他们都会互相关爱，都会把肉汤送到对面的人口中，这就是天堂。"

这个寓言故事告诉我们一个这样的事实：每个人都可以从关爱别人中受益，并从中得到乐趣。所以，人一定要抛开自私心理，多给予他人关心和爱。

人类之所以成为区别于动物的高等动物，就是因为人类具有珍贵的情感和爱心，如果丧失了这一点，那么人类体现的就是兽性而非人性。立身于社会，我们不能丧失人性的良知和同情心，不能奉行"事不关己，高高挂起"的处事原则，更不能对弱者置若罔闻。当我们冷漠地对待他人的时候，我们也就沦丧了基本的道德底线。

乐于助人是一种传统美德。每个人都有遇到困难的时候，这时最需要的是别人的帮助。急人所难，解人所忧，体现的是一个人的正义感和爱心。如果人人都献出一点爱，将不再会有暴虐横行、恃强凌弱，将不会再有漠不关心、明哲保身、落井下石，这个世界就会有更多的阳光驱散黑暗。乐于助人是立己达人的体现，在为别人种下几株玫瑰的时候，也是在为自己开辟一片美的花园。

然而，爱心的付出也是有"讲究"的，不能一味地付出。爱心需要付出，也需要回报；付出爱心的度也要把握好，不能让爱的无限付出成为关爱麻木的温床。

美国经济学家丹·艾瑞里曾做过一个有趣的实验：请人帮忙推陷在土坑里的小汽车。他随机向路过的行人求助，结果发现，超过半数的人乐于出手相助。

后来，他改变了求助策略——他告诉行人，如果有谁帮忙推车，他将给予对方10美元的报酬。这次，竟然只有很少的几个人愿意帮助他。他甚至还遭到一些人的白眼："我没有时间，你用 10 美元的报酬去雇用别人吧！"

第三次，他改变了答谢策略——车推出土坑后，他赠予每个帮助者价值 1 美元的小礼物。这次他发现，帮助者不但愉快地接受了他的小礼物，而且都反过来对他表示谢意。

丹·艾瑞里是这样解释这个实验结果的：我们同时生活在两个市场里，一个是"社会市场"，一个是"货币市场"。市场不同，规则不同，回报不同，我们在其中的专注点也不同。当某种行为是出于道德考量时，人们通常不会考虑其市场价值，即使没有任何报酬，人们也乐于去做，因为他们觉得这样的行为符合道德，有精神意义上的价值。如果某种行为属于"社会市场"，就不要将其引入"货币市场"进行"定价"，否则会让他人不悦，甚至产生厌恶、抵触情绪。当然，对于帮助过我们的人，我们应该答谢对方，但不是以直接给钱的方式——丹·艾瑞里的小礼物让帮助者更开心，因为礼物的意义不是对他们的善行或者义举进行"定价"，而是一种精神层面上的感激和褒扬，表达的是对那些给予爱心和帮助者的感恩和付出爱心的认可。

丹·艾瑞里所做的这个实验告诉我们：在这个世界上，爱的付出是无法"定价"的，但可以用适当的形式表达，这样能使施与者与接受者双方都感觉更好。这种难能可贵的温情，人与人之间的最真挚的情感，是世间最宝贵的财富，它带给施与者与接受者内心的幸福、满足和快乐，而这是金钱无法买到的。

但是，一个人如果长期身处他人的关爱之中却无从体会、无从感知甚至无所回报，尤其是对他人给予自己的爱不加珍惜，只是一味地享受，那他就不会感到幸福，也让对方心寒。

一个女孩和母亲吵架，赌气离开了家。她在外面待了一天，肚子很饿，就在一个面摊前站住了。老板是个上了年纪的老人，比她妈妈的年纪还大。但女孩因为没有带钱，她只能眼巴巴地看着。

好心的面摊老板看她可怜巴巴的样子，便询问她的情况，女孩一五一十地和盘托出。

老板叹了口气，摇摇头，接着煮了一碗面给她。女孩非常感激，可是因为没有钱，她非常尴尬，吞吞吐吐地说："太谢谢您了，可是我没有钱……"

老板笑了："没关系，吃吧，吃饱了好回家。"女孩感激地说：

"阿姨，您心肠真好，我能帮您做些什么吗？"

面摊老板又笑了："这没有什么，我只是力所能及帮你暂时填饱了肚子。我才煮了一碗面给你吃，你就这么感激我，你妈帮你煮了十几年饭，把你从小养大，对你付出了那么多爱，你平时有没有体会？你对她有过多少的感恩和回报行为？你又为她做过些什么呢？"

女孩一听，如醍醐灌顶，整个人一下子愣住了。是呀，母亲辛苦地养育她，她似乎从来都觉得理所应当，非但没有感激，更没有回报母亲的爱，反而经常为了一些小事惹母亲生气。

女孩吃完面，又谢过老板，终于鼓起勇气往家走去。进了家门，她看到疲惫、焦急的母亲正在期待地看着她。母亲看到女孩进门，忙喊："你这一天到哪儿去了？急死我了！饿了吧？快来，菜都凉了！"

女孩的眼泪夺眶而出，她哽咽着说："妈，是我不好。您为我付出了那么多，我不但没有回报您的爱，反而让您生气……今后我再也不惹您生气了。"

这其实是个生活中非常常见的例子。为什么很多孩子生活在父母无限的爱中却反而无从觉察、没有体会，更别说付出自己的爱给予父母慰藉呢？这就是心理学上的"关爱麻木现象"。

可以说，"关爱麻木"是阻碍人们幸福的最大障碍，因为人们在心安理得地享受爱的同时，不仅不会感到幸福，反而会越来越不珍惜对方给予的爱，更不会付出自己的爱。

一位心理学家曾对两对恋人做对比试验，结果证明，过度爱的付出常常是产生"关爱麻木"现象的温床，不但不会产生好的结果，反而会适得其反。

该对比实验的过程是这样的：在离情人节还有两个月的时间里，心理学家对有着相同的成长背景、处在同样的年龄阶段的两对恋人做了不同的实验设计，分别让男方赠送女友玫瑰花，但双方的次数和多少都不同，然后观测对比这两对恋人中，女方因为接受不同的设计方案中男友赠予玫瑰花的次数与多少的不同、各自产生的不同反应。

心理学家让其中一对恋人中的男孩每个周末都给自己心爱的姑娘送一束红玫瑰；而让另一对恋人中的男孩只在情人节那天向自己心爱的姑娘送一束红玫瑰。

两个男孩的送花频率和周期不同，导致了截然不同的结果：那个在每个周末都收到红玫瑰的姑娘，在情人节那天收到男友送来的花时表现得相当平静。尽管没有不满意，但她还是忍不住说了一句："我看到小王的男友送给她一大束的'蓝色妖姬'，真羡慕她啊！'蓝色妖姬'比红玫瑰漂亮多了。"而那个平时没有收到过男友送来的花的姑娘，当情人节接过男友送来的红玫瑰时，表现得非常开心，她陶醉于甜蜜中，欣赏了好久，事后与男友卿卿我我，相拥低语。而后来的事实证明，后一对恋人更加珍惜彼此的感情，并最终走进了婚姻的殿堂。

这个"玫瑰试验"证明，如果一方过度地给予另一方关爱，容易使对方产生"关爱麻木"现象，反而会不加珍惜，更习惯于接受爱而忽视付出自己的爱。但是爱的真谛绝不是单方面的给予，而是双方的付出，需要双方的珍惜和回应。同时，享受爱的过程也是有学问的，要知道，付出彼此的爱远比单方面地接受别人的爱更使人容易感到幸福，也会使彼此的感情更加融洽，使彼此内心的幸福感和充实感更强。

了解了"关爱麻木"的心理现象，就要学会提醒自己，不要因为无知而忽视了身边那些给予我们关爱的人，这些人也许是我们最亲密的家人、爱人，也许是朋友，甚至可能是陌生人。他们给予我们关爱时虽然没有企图回报，但我们在享受、接受关爱的时候却应珍惜，理应给予回应，最起码也要有所触动、有所表示，别让自己成为一个对关爱麻木的人。

下面这个测试可以帮助你了解自己的性格中对关爱的感知程度和回应程度。

测试很简单，请你从红、黄、蓝、绿、紫、黑、白七种颜色中选择一种自己最喜欢的颜色。

测试结果参考分析：

选择红色的人：心情开朗，乐于享受别人的关爱，也会关爱别人。他们常常在别人不如意的时候努力安慰、关怀对方。

选择黄色的人：是智慧型的理论家，自尊心强，常期待得到别人的赏识。他们外表温顺，内心好强，但不太关心别人，有些自我。

选择蓝色的人：属于浪漫型，内心细腻，有着丰富的情感，敏感而易受伤害，非常期望被人爱，但不善于表达自己的爱。

选择绿色的人：个性谨慎，做事颇有分寸，绝不会出现感情冲动、情绪失控的情形，心态相当平和，兼有关爱别人的特质。

选择紫色的人：注重个性化，常常处于渴望别人关爱和不喜欢与人亲近的矛盾中。

选择黑色的人：自尊心非常强，不愿让别人接近自己，更不会主动关心别人。

选择白色的人：非常有爱心，有着强烈的责任感，不喜欢哗众取宠。

『关爱麻木实验』：助人才是快乐的

"丘比特之箭"：爱情的发生有规律吗

世间最美、最令人心驰神往的情感之一就是爱情。在罗马神话中，丘比特被喻为爱情的象征，他是一个顽皮、可爱的小男孩形象，身上长着翅膀，背着一个箭袋，高兴了就对着谁射出一支"爱之箭"。一旦被丘比特的箭穿透心脏，人们就会不顾一切地倾心相爱。后来心理学家常用"丘比特之箭"来解释爱情发生时的不规律性。继而研究发现，爱情虽然有"丘比特之箭"引发的不规律性，但更有"罗密欧与朱丽叶效应"产生的规律性。那么，什么是爱情的"罗密欧与朱丽叶效应"呢？

纵观生活中的很多姻缘，你可能会发现，两个相爱的人遇到的阻力越大，反而更容易成就美满的婚姻；相反，如果相爱的双方得到身边亲友的撮合、支持，看起来似乎顺风顺水，没有任何阻力，是天作之合，但是经常出乎众人意料的是，这段姻缘反而难以修成正果。这种现象，就是爱情中所谓的"罗密欧与朱丽叶效应"。对此，心理学家专门进行了实证研究。

1961 年，德国心理学家德里斯科尔等人对 91 对已婚夫妇与 49 对相恋已经 8 个月以上的恋人进行了跟踪调查，其中一项重要内容就是考察被研究的夫妇、恋人彼此间的相爱程度和他们的父母的干涉程度之间的关系。

研究结果表明，在一定的范围内，父母的干涉程度越高，这种阻力反而越有利于恋人之间感情的加深。根据这种特定的规律，德里斯科尔借用莎士比亚的悲剧《罗密欧与朱丽叶》的故事，将这种现象称为"罗密欧与朱丽叶效应"。

众所周知，在这部悲剧中，一对有宿怨的名门望族情侣，演绎了一段短暂却激荡人心的爱情。他们面对家人的强烈反对，并未恐惧和放弃，而是顶住了压力爱得更深，直到双双殉情。也许可以这么说，正是由于来自于双方家庭的阻力，反而促成了他们之间的激昂爱情。

俄国心理学家契可尼在"罗密欧与朱丽叶效应"的基础上对

恋爱双方的男女之间的感情做了进一步的实证研究，结果发现，一般人对已完成了的、已有结果的感情极易忘怀，而对中断了的、未完成的、未达目标的爱情却总是记忆犹新。这种现象被称为"契可尼效应"，就是说当在爱情中出现干扰恋爱双方恋爱关系的外在力量时，恋爱双方的感情反而会加强，恋爱关系也会因此更加牢固。这可以用来解释为什么许多没有结果的恋情最让人难忘。

那么，爱情中为什么会出现"罗密欧与朱丽叶效应"与"契可尼效应"呢？认知失调理论很好地解释了这一点。

当人们被迫做出某种选择时，人们对这种选择会产生高度的心理抗拒，而这种心态会促使人们做出相反的选择，并实际上增强对自己所选择对象的喜欢程度。因此，人们在选择恋爱对象时，由于对父母反对等恋爱阻力产生的心理抗拒作用，反而会使双方的感情更牢固。而当这种恋爱阻力不存在时，双方却有可能分开。经历过重重阻力和生死考验的爱情，不一定能抵得住平凡生活的冲击。当爱情的阻力消失时，也许曾经苦恋的两个人反而会失去相爱的力量。

这也和心理学上的"禁果效应"有关。"禁果效应"是指，越是禁止的人或事物，人们越是会因为好奇心与逆反心理去加强注意，更多地去关注。

虽然干扰爱情的外在因素很多，但哪种因素占上风关键还是取决于当事人对该外在因素的态度和权衡；当然结果存在着很多不确定，关键还在于当事人自己。

虽然爱情有可能出于一次偶然的邂逅、一个会意的眼神、一个调皮的微笑、一句幽默的话语、一种让人陶醉和心跳的感觉，很多时候是非理智的，但爱情不是纯粹的感情函数，还需要那么一点点"机缘"、一点点"舍我其谁"的霸气，还有不离不弃的坚持。人要在爱情上富有理智，要有责任心，但又要有海枯石烂的浪漫决心，携手面对冷酷威胁的决心，以及和自己心爱的伴侣厮守终生的信念。

有这么一个故事：

女孩终于鼓起勇气对男孩说："我们分手吧！"

男孩问："为什么？"

女孩说："倦了，就不需要理由了。"

整个晚上，男孩只抽烟不说话。女孩的心也越来越凉，"连挽留都不会表达的人，能给我什么样的快乐？"

过了许久，男孩终于忍不住说："怎么做你才能留下来？"

女孩慢慢地说："回答一个问题。如果你能答出我心里的答案，我就留下来。"

女孩说："如果我非常喜欢悬崖上的一朵花，而你去摘的结果是百分之百的死亡，你会不会摘给我？"

男孩想了想说："明天早晨告诉你答案好吗？"

女孩的心顿时冷了下来。

早晨醒来，男孩已经不在，只有一张写满字的纸压在温热的牛奶杯下。第一行，就让女孩的心凉透了："亲爱的，我不会去摘那朵花，但请容许我陈述不去摘的理由。你只会用电脑打字，却总把程序弄得一塌糊涂，然后对着键盘哭，我要留着手指给你整理程序；你出门总是忘记带钥匙，我要留着双脚跑回来给你开门；酷爱旅游的你在自己的城市里都常常迷路，我要留着眼睛给你带路；你不爱出门，我担心你会患上自闭症，我要留着嘴巴驱赶你的寂寞；你总是盯着电脑，眼睛已不是很好，我要好好活着，等你老了，给你修剪指甲，帮你拔掉让你懊恼的白发，拉着你的手，在海边享受美好的阳光和柔软的沙滩，告诉你每一朵花的颜色……所以，在我不能确定有人比我更爱你以前，我不想去摘那朵花……"女孩读着读着，泪滴在纸上，形成晶莹的花朵。

抹净眼泪，女孩继续往下读："亲爱的，如果你已经看完了，答案还让你满意的话，请你等我买早点回来给我个拥抱。"

读完这个故事，你有什么感触？在这里，并不是有意强调什么高深的爱情理论，而是有感于当爱情从轰轰烈烈、可以冲破一切阻力的"罗密欧与朱丽叶效应"归于真实而平淡的生活时，很多恋人会暂时无法适应这种激情渐渐平息的日子。当海誓山盟不再，浪漫甜蜜随风而去时，该如何面对呢？虽然很多恋人能冲破"禁果效应"的阻挠，希望能相伴终生，但平凡琐碎的生活反而让他们对彼此的温柔、体贴渐渐消逝，摧残了爱情的成果，这是非常令人惋惜的。

在爱情中，虽然要有"罗密欧与朱丽叶效应"的轰轰烈烈，但也需要在平凡生活中的相濡以沫。只有彼此的珍惜和付出，才能培育出最温馨的花朵。爱情的惊天动地、浪漫浓烈不过是浮在生活表面的浅浅点缀，它们的下面才是我们要过的真真正正的生活。

婚姻经济学：婚姻幸福不等于条件匹配

好的婚姻是爱情美满的结局，每个恋爱中的人都会对自己的爱人与婚姻生活有所憧憬。双方一旦走入婚姻的殿堂，就可以说是为彼此的人生又开启了一段重要的生命历程，有着里程碑式的意义。

每个人都有自己的"婚姻经济学"，即投入怎样的"成本"，拿到怎样的"收益"。只是，人们对"成本"的投入不同，有的是青春，有的是美貌，有的是自立，有的是年龄。精明的合作伙伴，一眼便可分清哪些是"包装"，哪些是"内容"。

在经济学家眼中，感情的问题同样也是利益权衡的问题，只不过这里的利益包含了感情而已。爱情和婚姻就像其他人类行为一样，寻求的是实实在在的收益，必然经由理性的选择，符合经济学效用最大化的理性分析。所以，婚姻可以被看成是一种经济组织形式，婚姻的成本包括机会成本和交易成本：交易成本是指与结婚和离婚直接相关的费用；机会成本是指为追求一种状态而放弃另一种状态所损失的福利。男女双方只有在结婚的共同所得大于单身时的分别所得之和的情况下才会结婚。换句话说，婚姻就是一种"经济互助组"，当男女双方分开生活的成本高于结婚之后共同生活的成本时，结婚才是更理性的选择。

其实，无论是单身还是结婚都只是不同的生活方式而已，每个人选择怎样的生活方式都有自己的理由，但无疑，婚姻会让生活的质量相比于单身有显著提升。婚姻的成本对比，其实也是一个"性价比"的问题。

有些单身族很享受当下多花一些钱、多一些自由空间去参加交友聚会的状态，不愿被婚姻束缚，也不想通过婚姻减少这部分成本；也有些人打算"先立业后成家"。但是很多研究结果表明，婚姻生活对生活质量的提升会是一个"大概率"的事情，也就是说，婚姻生活的"性价比"会更高。所以要做好自我评估，包括自身条件、择偶标准等，把握好能给自己带来幸福的婚姻机会，权衡"脱单"的得失，判断哪种才是"性价比"更高的生活方式。

由婚姻的成本权衡，自然而然就产生了"通婚圈"，这是指择偶筛选的"结婚候选人"都是在同一社会阶层、处于同一经济水平的，形成了同一社会阶层、经济阶层的"阶层内"婚姻模式。西方有学者研究后认为，在发达国家的现代化过程中，阶层内婚姻会经历"先升后降"的过程。随着社会物质财富的积累、社会保障制度的健全、社会福利水平的提高，人们通过婚姻保持和提高自己社会地位的动机逐渐下降，经济因素的重要性才会随之下降，以爱情为基础、跨越社会阶层的婚姻才会增长。

在很多相亲过程中，会出现出这种情景：人们迫切需要通过婚姻保持并提高自身的社会地位，择偶与婚姻中的经济指标密切相关，相亲择偶日益注重物质考量。从相亲所处的社会阶层来看，没有"富一代""权一代"，人们大多都是相对小康的城市中产阶级或者普通市民。对他们而言，城市贫民和农村人口被彻底排斥在"通婚圈"之外。大部分家长为子女筛选的"结婚候选人"都是在同一社会阶层、经济水平的，原本年轻人应该自由追求的"幸福"，已经发展成一条明晰的"产业链"。

这种同一社会阶层、经济阶层的"阶层内"婚姻的择偶标准表明社会结构的开放性进一步降低，阶层壁垒正在强化，社会结构也在固化。但是如果你以为真正的爱情的结局就是这种"阶层内"婚姻中婚姻条件的匹配，那就错了！

因为这是两码事。虽然男女双方在条件上应该大致匹配，但并不等于"拜金主义"，因为仅有物质条件并不能让人的婚姻更好。这就是婚姻和感情的悖论。

幸福的婚姻需要一颗能够体会的心、一个能够消化的胃、一双能够付出的手。没有哪一种婚姻是可以不经筛选和自己的努力经营而保质保量的，婚姻的智慧首先是选择的智慧，是看对方有无充分的能力让自己生活得更好，这是人力和物力的综合权衡，也是用心经营的结果。有些婚姻并非基于感情而完全是条件的匹配，这样的婚姻不管是否长久，必然是不幸福的。对此，每一个人都需保持必要的警惕。

心理学家研究发现，人与人之间在情感上需要互相满足，这样才会产生强烈的吸引效果。那么，婚姻的幸福公式是什么呢？这和夫妻间的心理有关。婚姻中的夫妻有四种类型，具体如下：

（1）信任型

这种类型的夫妻之间懂得包容、理解、信任、尊重对方，不试图改变对方，遇到问题相互协商解决。这样的婚姻是理想的婚姻。

（2）自私型

这种类型的夫妻内心需要爱，但因为自私，只要求对方付出而自己不想付出，内心渴望安定的婚姻生活但又害怕面对与承担婚姻里琐碎的事务，不懂得迁就对方，无法承受婚姻中的平淡与琐碎。这样的婚姻难以长久。

（3）疑虑型

这种类型的夫妻把婚姻看守得密不透风，恨不得一天二十四小时将对方监视起来。这种将婚姻握得紧紧的方式只会加速婚姻的灭亡。最好的婚姻相处模式是给予双方充分的信任和相对独立的空间，不要让对方在婚姻中"窒息"。

（4）狂躁型

这种类型的夫妻在婚姻里焦躁不安，患得患失，遇到一点风吹草动便大动干戈。这样的婚姻会让夫妻双方心灰意冷，婚姻也迟早会毁于一旦。

从上面的婚姻类型可以看出，信任型的夫妻大多是幸福的，由此我们可以得出一个公式：幸福的婚姻 = 包容 + 信任 + 尊重对方的独立空间 + 责任。

婚姻之所以与爱情不一致，就是婚姻强调责任。现在一些人尤其是年轻人对于婚姻的责任没有清醒的认识，一时冲动就草率踏入婚姻的门槛，当发现婚姻与之前想象的不一样的时候，他们便会放弃婚姻，这就是不负责任的表现。

爱情需要浪漫和激情，但在婚姻中，双方在一起时间久了就不会再有当初的激情，只会剩下责任感和亲情，所以对待感情和爱人夫妻双方都要有责任，要舍得付出，而不能只是单方面的索取。如果双方都能本着为对方考虑、为家庭负责的想法做出努力，那么这份婚姻一定会在相濡以沫中长长久久地幸福下去。

想通过婚姻来延续爱情并保持感情的恒温，就不能意气用事，不能只在乎暂时的得失。婚姻真正的浪漫是一辈子的柴米油盐和生活琐事中的点滴乐趣。

心理学家研究发现，幸福的婚姻也存在着各种模式，比如：浪漫型婚姻、传统型婚姻和伙伴型婚姻。

但婚姻成败的关键还在于彼此互相包容、有责任这些因素，以及两人对婚姻的看法。所以，认清自己理想的婚姻类型，并扬长避短地用心经营，是婚姻幸福美满的前提。

下面的测试题目，有助于你了解自己理想的婚姻类型。

某个征婚网站上刊登了以下三则征婚启事，你觉得哪一则最吸引你呢？

A. 我的婚姻绝对应该是激情澎湃、永恒浪漫的。

B. "男主外，女主内"是我最渴望的婚姻主题。

C. 你想找到一个愿意将家庭作为事业来经营的合伙人吗？选择我，没错的！

测试结果分析：

选A：浪漫型婚姻

崇尚浪漫型婚姻的你相信缘分是上天注定的，所以你更容易将一见钟情的对象视为自己的婚姻伴侣。结婚几十年后你还会回忆起当时邂逅的场面，还是会心跳不已。你与爱人之间的这种美煞旁人的浪漫情怀是向世人宣告：婚姻是爱情的天堂。

选B：传统型婚姻

崇尚传统型婚姻的你会尽心尽责地扮演起家庭中的传统角色。在你眼中，"丈夫在外努力打拼，妻子在家相夫教子"是最完美的理想婚姻。你坚信传统的婚姻模式将会更持久、更稳定，你向往与爱人、孩子共享天伦之乐，你会为了这理想的婚姻无怨无悔地付出努力。

选C：伙伴型婚姻

崇尚伙伴型婚姻的你认为当代社会男女平等，家庭的建立和营造也该由双方共同承担。你希望对方既是自己最甜蜜的爱人，也是自己最知心的朋友。相对而言，你更重视彼此能有共同的价值观，可以商量着去探讨并解决婚姻中的各项议题，例如生儿育女、养老爱老。在承担起家庭责任的同时，你也会追求婚姻、工作、子女质量投入上的平衡。

了解了自己理想的婚姻类型，如果你已经结婚的话，你想知道你的婚姻是否和睦吗？下面的测试可以帮助你回答这一点。

以下事情在你的婚姻中发生过吗？答案的选项分别有"从未"、"极少发生"、"偶尔发生"和"经常发生"。

1. 小小的争执突然变成大吵，彼此凶狠对骂，翻出陈年旧账。

2. 爱人会忽视我的意见、感受和需求。

3. 我的话语或行为常被爱人认为带有恶意。

4. 有问题需要解决时，我们似乎总站在敌对的立场。

5. 我不能很自然地告诉爱人我真正的想法与感觉。

6. 我常幻想如果能换一个爱人，不知是什么滋味。

7. 在婚姻关系中，我觉得很寂寞。

8. 我们吵架时，总有一方不愿再谈，开始逃避或离开现场。

计分参考：答案如果是"从未"或"极少发生"，计1分；是"偶尔发生"，计2分；是"经常发生"，计3分。

当把各题的分数加在一起时，如果总分在8～12分，说明婚姻稳定而健康；如果总分在13～17分，说明婚姻中存在着问题，需要警惕；如果总分超过18分，说明婚姻状况需要马上做出调整。

男女双方要想实现幸福的婚姻，应该如何做呢？以下建议可供参考：

（1）婚姻需要首先给对方自由和尊严

不管两个人如何深爱对方，如果一个人希望对方能随时随地、无条件地接纳自己，把自己摆在首位，强迫对方来满足自己的心理需求，那必然是行不通的，这样的婚姻不会长久。在婚姻中，首先要给对方自由和尊严。

（2）放大对方长处，宽容对方缺点

如果我们在婚姻里不能在放大对方长处、宽容对方缺点，久而久之，我们的婚姻也就成了枷锁或苦难。进入了婚姻的男女或许会有所懈怠，或许会不再热烈，但其实双方曾经爱上对方的长处一直都在，是自己那颗已经厌倦的心才让对方缺点的面目变得清晰可憎。在婚姻的"围城"里只有放大对方的长处，宽容对方的缺点，才能和对方"纠缠"到老，慢慢变老。

（3）学会妥协

婚姻除了是男女双方两人的结合以外，还是两种社会关系的相互融合贯通。你成婚或娶过来的是对方的全部，包括所有事物和所有人物，包括你喜欢的和你不喜欢的。婚姻就是这样将两种原本毫不相干的"历史长卷"拧到了一起。在婚姻里，要学会妥协，学会让步，不愿意妥协、让步的人是难以把婚姻经营幸福的。

（4）把婚姻当作一种长久的事业用心经营

婚姻是一种事业，贵在坚持和长久。要想实现婚姻幸福，在任何时候都要用心，哪怕是面对一件小事。如果对待爱人或者生活中的琐事漫不经心、大大咧咧、不懂得珍惜，那么，婚姻生活就有可能会因此而蒙上阴霾，最终双方离散。

（5）欣赏爱人，以赞美替代指责

人在婚姻生活中，付出什么，就得到什么；耕种什么，就收获什么。

要学会欣赏爱人，对其闪光点加以赞美，而不能一味地指责。只有这样，婚姻生活中才会少一些误会与矛盾，变得和谐而幸福。

"囚徒困境"：个人理性与集体理性的矛盾

人在社会中生活，如果只凭自己单打独斗，是很难有所作为的，因为自己的力量和与人合作产生的力量相比要渺小得多。因此最明智的做人之道是："助人亦助己。"

心理学上有一个著名的"囚徒困境效应"，出自下面这个故事。

有两个人纵火之后逃跑被警察抓住了。因为证据不够充分，法官分别对他们说："如果你招了，他不招，那么你会作为证人而被无罪释放，他将被判15年徒刑；如果你招了，他也招了，你们都被判10年；如果你不招，他招了，他被无罪释放，你被判15年；如果你们都不招，各判1年。"

这两个人听后都有这样一个思考过程："假如他招了，我不招，得坐15年监狱，招了才10年，所以招了划算；假如他不招，我不招，坐1年监狱，招了，马上获释，也是招了划算。综合以上两种情况考虑，还是招了划算。"最终，两个人都选择了"招"，结果都被判 10 年徒刑。

这个故事告诉我们，在一个集体里，有可能每个人都是出于理性的选择，但对于整个集体来说却是不理性的。这就是"囚徒困境效应"。"囚徒困境效应"运用于经济、爱情等很多有关博弈的事件中，会产生很多合理的解释。"囚徒困境"反映了一个很深刻的问题：个人理性与集体理性的矛盾。由此可以引出一个很重要的结论：一种制度（体制）的安排要发生效力，必须是一种纳什均衡（纳什均衡是指所有参与人的最佳战略组合）。否则，这种制度安排便不能成立。

人身处社会，要想成功，不能只靠自己强大，更需要依靠别人帮助，需要别人的援手。人只有摒弃只顾自己的狭隘想法，尽力去帮助别人，大家才有可能都成功。如果你不善于借助别人的力量强大自己，不善于合作和学习，那么你就很难获得自己所需要的各种资源，最终往往会成为失败者。

自然界的许多植物根部都会紧紧相连，之所以这样是因为可以抵抗住狂风暴雨的袭击生存下来，这体现的也是"囚徒困境"的道理。比如红杉，它们因充分延伸而紧密相连的根系才抵御了自然界的龙卷风，这是人类难以想象的奇迹。但人类又何尝不是如此呢？

实践证明，在人类社会中，只有在合作中善于虚心向别人学习，取长补短，优势互补，才能使团队产生最大的合力。这种合力比单个人的能力简单相加而成的合力要大得多。

拿破仑曾描述过骑术不精但有纪律的法国骑兵和当时最善于单兵格斗但没有纪律的骑兵——马木留克兵（当时埃及的非正规骑兵）之间的战斗。

他是这样说的：两个马木留克兵绝对能打赢三个法国兵，一百个法国兵与一百个马木留克兵势均力敌，三百个法国兵大都能战胜三百个马木留克兵，而一千个法国兵则总能打败一千五百个马木留克兵。一千个法国骑兵能战胜一千五百个马木留克骑兵，靠的是纪律，靠的是配合或互补。

这是因为，当个体与个体之间、个体与群体之间产生相辅相成作用的时候，群体的整体功能就会正向放大；反之，整体功能则会反向缩小，个体优势的发挥也会受到人为的限制。可见，如果我们在组织中能有效地利用好互补合力，就能让每个人都发挥出更大的

『囚徒困境』：个人理性与集体理性的矛盾

作用，也会大大提高组织的执行效率。

如果你尚未壮大，那么不妨多向别人学习，发现自己和别人的才能，并使之为我所用，这样就会找到成功的方法。聪明的人善于从别人身上汲取智慧的营养来补充、提高自己。从别人那里借用智慧，比从别人那里获得金钱更宝贵。

读过《圣经》的人都知道，摩西算是世界上最早的教导者之一。他深深懂得一个道理：一个人只要得到了其他人的帮助，就可以做成更多的事情。

当摩西带领以色列子孙前往上帝许诺给他们的土地时，他的岳父杰塞罗发现摩西的工作实在太多了，如果他一直这样下去的话，人们很快就会吃苦头了。

于是杰塞罗帮助摩西解决了这一问题，他建议摩西将这群人分成几组，每组1000人；然后将每组分成10个小组，每组100人；再将100人分成2组，每组50人；最后，再将50人分成5组，每组10人；然后，让每一组选出一位首领，这位首领必须负责解决本组成员所遇到的任何问题。摩西接受了这一建议，整个团队的效率果然大大提升。

我们应该记住：山外有山，人外有人。一个人的力量总是十分有限的，不嫉妒别人的长处，善于发现别人的长处，并能够加以利用，是成大事的重要条件。借用别人的智慧，助己成功，是必不可少的成事之道。

当然，每个人都有自己的个性、爱好、追求和生活方式，都会以各自的教养、文化水平、生活经历等与他人相区别，不可能时时与他所处的群体合拍，在相互的合作中有分歧和矛盾是在所难免的。一个人能否与他人友好相处，主要取决于自己的态度。

善于与人合作的人从不自以为是，他们不对别人品头论足、指手画脚，始终保持平和宽容的心态公正平等地对待他人，善于发现他人的长处，在与他人产生矛盾时能够克制自己的情绪，约束自己的行为，事后能及时沟通，所以他们很容易赢得别人的尊重和更多的朋友，也有助于自己的事业发展。

美国南北战争中，一位位将军——麦克里蓝、波普、伯恩基、胡克尔、格兰特……相继惨败，使得林肯只能失望地踱步。当时，全国有一半的人都在痛骂那些"差劲"的将军们。当听到这些非议的时候，林肯却说："不要批评他们。如果我们在同样的情况之下，我们也会跟他们一样。"

这正是林肯的过人之处，正是这种态度，使得林肯与手下的将军们团结一心，最终取得了战争的胜利。

你善于与人合作吗？你团结协作的能力强吗？来测试一下自己吧：

1. 你在急匆匆地驾车赶去赴约，途中看见你秘书的车出了故障，停在路边。你会怎么做？

A. 毫不犹豫地下去帮忙修车。

B. 告诉她你有急事，不能停下来帮她修车，但一定帮她找修理工。

C. 装作没看见她，径直驶过去。

2. 如果某位同事在你准备下班时请求你留下来听他"倾吐苦水"，你会怎么做？

A. 立即同意。

B. 劝他等第二天再说。

C. 以爱人生病为理由拒绝他的请求。

3. 如果某位同事因要去医院探望爱人，请求你替他去接一位乘夜班机来的大人物。你会怎么做？

A. 立即同意。

B. 找借口劝他另找别人帮忙。

C. 以汽车坏了为由拒绝。

4. 如果某位同事的儿子想选择与你相同的专业，请你为他做些求职指导，你会怎么做？

A. 马上同意。

B. 答应他的请求，但同时声明你的意见可能已经过时，他最好再找些最新资料做参考。

C. 只答应谈几分钟。

5. 你在某次会议上发表的演讲很精彩，会后几位同事都向你索要讲话纲要，你会怎么做？

A. 同意并立即复印。

B. 同意，但并不十分重视。

C. 同意，但转眼就忘记。

参考答案：

全部选"A"：你是一个有爱心、善于与别人合作的人。但你要当心，千万别被低效率的人拖后腿，更不要被别有用心者利用。

答案大部分是"A"：你很善于与人合作，慷慨助人，但同样也希望别人能回报于你。

答案大部分是"B"：你是一个以自我为中心的人，不愿意给自己找麻烦，不想让自己的生活规律、工作秩序受到干扰。无疑，你在有困难时也很难得到他人的帮助。

答案大部分是"C"：你是一个名副其实的"孤家寡人"，要赶紧培养自己的合作意识了。

道德悖论：海因兹盗药启示

一个国家的前途与命运同其公民的文明素养密切相关。哪个民族有高尚的道德与良知，这个社会就是公正透明的；哪里的人们道德败坏、自私自利且心地虚伪，那么，这个社会被幕后操纵者统治也就不可避免。所以说，道德是人生的桂冠和荣耀，比天资更重要，不管是对一个人还是对一个民族来说都意义重大。

欧洲的心理学家们很早以前就对道德这个命题进行了专门研究，他们常用道德悖论来分析人性。那么，什么是道德悖论呢？要说清楚这个，我们先看看心理学家是如何通过一个流传久远的生活实例，提出道德悖论这一深刻命题的：

相传，很久以前，欧洲有位妇女身患一种特殊的疾病，生命垂危。医生认为，有一种药也许救得了她，这种药是本城一名药剂师新近发现的一种镭剂，该药造价昂贵，药剂师声明绝不会以低价出售。

这位身患绝症的妇女的丈夫叫海因兹，他竭尽全力，几乎哀求着向每个认识的朋友都借了钱，但也只是筹到药价的一半。

海因兹告诉药剂师他的妻子快要死了，请求药剂师便宜一点把药卖给他，或者允许他以后再付钱，可是，这位药剂师不答应。

药剂师说："我也不富有，同样为了养家糊口，每次为了做一点点这种昂贵的药，我几乎把有限的积蓄全部拿了出来，这种药制作起来相当麻烦，会耗费大量的时间和精力。其他日常开支，要靠我每天的收入来赚。如果你不把全部钱给我，我就把药这样卖给你，日后谁来补足我的亏空呢？"

海因兹再三哀求，但还是没法打动药剂师。海因兹绝望了，想趁夜晚偷偷潜入药店，为妻子偷药。

事情介绍到这里就可以了，我们不必深究之后的结果，现在我们来思考一下心理学家基于海因兹想盗药这件事提出的问题：

（1）海因兹该偷药吗？为什么应该或者为什么不应该？

（2）如果海因兹不爱他的妻子，他应该为她偷药吗？为什么应该或者为什么不应该？

（3）假定将要死的不是海因兹的妻子，而是一个陌生人，海因兹会为陌生人偷药吗？为什么会或者为什么不会？

（4）（如果你赞同为陌生人偷药）假定快要死的是海因兹宠爱的一只动物，他应该为救这只宠物去偷药吗？为什么应该或者为什么不应该？

（5）为什么人们应该尽其所能搭救别人的生命，不论用什么方式都行？

（6）海因兹偷药是犯法的，那么他在道德上错了吗？为什么错了或者为什么没错？

（7）为什么人们一般都应该尽其所能避免犯法，不论什么情况下都应该如此？

（8）怎样把犯法同海因兹事件联系起来？

（9）药剂师这种不卖药的行为道德吗？为什么？

基于海因兹盗药的事件，心理学家还提出了一个命题，就是让人们思考如果海因兹夜晚偷偷潜入药店为妻子偷药，被警官布朗先生看到，警官布朗会面临的心理矛盾是什么？

假设与海因兹先生同住一镇的警官布朗先生，在夜间当值完毕下班回家的途中，正好看见海因兹击破窗子进入药房内，而且他也听说过海因兹缺钱买药的困境，布朗警官是否觉得虽当值时间已过，但维持全镇治安仍属职责所在？还有在迟疑之间，海因兹已经偷得药物离去，布朗警官应是否应该进一步追查海因兹破窗偷药的案件呢？

心理学家说：这些问题没有标准答案，其实是测试人的道德发展阶段的模型。一般来说，人们在孩童阶段（社会影响尚未形成）时有自己的主见，着眼于人物行为的具体结果与自身的利害关系；在中学阶段，不少人会按照"好孩子"的要求去做，以得到别人的赞许；在成熟阶段，有的人会形成自己的道德观念，超越一些规章制度，考虑的是道德的本质，而非具体的什么。

人生一世，烟云浮华，名利纷争，无止无尽。大千世界中，谁又真正地拥有一切？欲望之渊深不见底，当物质已不再能满足我们的需求时，什么才是心灵最终的依托？唯有高尚的道德。

所以，衡量一个人是否有道德和正义之心，不能只从某一个问题或者某个方面片面地理解，要看他在社会上长期为人处事的准则和标准。道德不能脱离社会现实而单纯地进行考量，因为，它是一个人综合素质的体现。

在日常生活和工作中，人们判断一个人的好坏，大多是通过他的品德，而不是他的学识；或者通过他的德行，而不是他的智力。换句话说，一个人即使没有受过良好的教育，能力一般，收入微薄，但是只要他道德高尚、仁爱无私，同样会得到社会的认可，赢得应有的尊敬，他也会是世界上最富有的人。反之，即使身居高爵显位，道德沦丧也会身败名裂、一文不名。

高尚的道德是一股能撞开坚冰的春水，能使铁石心肠的人变得善良温和；高尚的道德是一泓沙漠中的清泉，能使冷冰冰的心灵重新燃起幸福的火光；高尚的道德是燃在黑夜里的灯塔，能使迷途的船只找到栖息的港湾。

古时候，修炼的人需要挖一个洞穴进去打坐。有一个年轻人想打坐修炼，于是不知疲倦地挖洞，刚挖好洞，一位长者来了，对他说："年轻人啊，能不能把这个地方让给我呀？我已经老了，没有力气挖洞了，恐怕也没有太多的时间留在人世了，你来日方长，再挖一个也不迟。"年轻人说："好吧，给你吧。"

年轻人接着继续挖洞。另一个洞刚刚挖好，他又被迫让给了别人。就这样，他挖了一个又一个洞，但都让给了别人。最后，他老了，费了好大劲，为自己挖了一个洞穴，他想这一次可该好好修炼了。不料，洞刚挖好，一个小伙子来了，对他说："瞧你这么大年纪了，还能修炼吗？还是让我来修炼吧。"这个人无可奈何地摇摇头，说："好吧，那你就进来吧。"

此时，这个人已经再也没有力气挖洞了，他有些沮丧，但是他心中很宽慰。就在他手足无措时，一位长须老者显现在他面前，微笑着对他说："你已经修炼圆满，可以死后升入极乐世界了。"说完就消失了。这个人醍醐灌顶，顿时开悟：让这么多人在自己挖的洞里修炼，这正是自己一辈子最好的修炼啊！造福他人才是一种真正圆满的"大修行"。

可见，高尚的道德并不只是抽象的精神信仰，它也是实实在在的行动。

你想知道你的德商指数（MQ）吗？做完下面的测试，你就会得到答案。

1. 当看到朋友心情不好时，你会：

A. 理解朋友的痛苦并去安慰对方

B. 自己也心烦意乱

C. 表现出无动于衷的态度

2. 面对别人的需要和情感表达时，你会：

A. 正确解读别人的非言语性暗示（如手势、身体语言、面部表情和语调等）

B. 很注意观察别人的面部表情，并给予恰当的反应

C. 无法共享别人的感情表达

3. 当看见有人作弊或者以强欺弱时，你会：

A. 不惧威胁，帮助弱者，告发不正当行为

B. 知道应该怎样正确行事，但不会多管闲事

C. 内心虽有波动，但仍然无动于衷

4. 每当做错事后，你会：

A. 承认错误，勇敢地说"对不起"

B. 对自己的错误或不妥当的行为感到愧疚，不住自责

C. 想方设法地狡辩或者掩饰错误

5. 渴望去做某件事而未被允许时，你会：

A. 管住自己的冲动和欲望

B. 考虑后果，忍耐一下，克服行为上的冲动

C. 固执行事，不达目的不罢休，或者阳奉阴违

6. 当你觉得做一件事有利可图时，你会：

A. 先考虑一下这样做对别人会不会造成不利影响

B. 可能会去做，但要先考虑一下

C. 无论是否合理合法，都会去做且不计后果

7. 每当遇到老年人或残疾人时，你会：

A. 自觉地主动过去帮助他们

B. 在言语和行为上对他们保持尊重

C. 远离、回避或从心里厌恶他们

8. 当有人遭到捉弄或者冷遇时，你会：

A. 主动上前阻止别人的恶意行为

B. 拒绝参与捉弄人的行为

C. 麻木冷漠，甚至有点幸灾乐祸

9. 当遇到长相难看或者举止怪异的人时，你会：

A. 对他们表现出宽容、友好和坦诚

B. 不随便对他们评判、分类或抱有成见

C. 嘲笑他们的缺点和差异

10. 针对某件事，在同事发表意见或看法时，你会：

A. 在提出自己的看法之前，认真倾听对方的意见

B. 客观地评价对方的观点

C. 经常打断同事的话，自说自话

计分标准：选 A 得 4 分；选 B 得 2 分；选 C 得 1 分

参考答案：

总分为 31～40 分：你的"德商"优秀，再接再厉，多交一些道德高尚的朋友，与他们互补。

总分为 20～30 分：你的"德商"一般，需要有针对性地提高自己的"德商"，加强自我修养。

总分为 19 分及以下：你的"德商"亟须加强，它已经严重影响到你的工作和生活，建议你马上对自己的价值观做一番自省，以高尚的道德标准来要求自己。

对自己的道德水准进行衡量，是让我们更加明白，高尚的道德是永远值得我们努力培养和追求的。俗话说"种瓜得瓜，种豆得豆"，种下什么样的种子，就会收获什么样的果实，要培养高尚的道德也是如此。人要拥有高尚的道德，就要亲近贤者，远离贪婪、自私、狭窄的利己主义，以博爱无私的胸怀拥抱整个世界。

"人质情结"：别让你的正义感沦陷

心理学上有一个术语叫"斯德哥尔摩症候群"，又称为"人质情结"，是指人质由于对绑匪产生畏惧，表现得更加软弱，屈从于暴虐者甚至对暴虐者膜拜，反过来帮助暴虐者的一种现象。这种症候群的例子见于各种不同的环境中，尤其在特定的环境与条件下，任何人都有可能遭遇"斯德哥尔摩症候群"这种心理症状。

心理学家研究发现，情感上依赖他人且容易受环境影响的人，若遇到类似的状况，很容易成为"斯德哥尔摩症候群"的一员。比如，在不可能逃开灾难的情况下，在受到类似危及生命或重大利益的威胁时，在遭遇胁迫的过程中，在与外界其他信息隔离、得不到外界的讯息时。在这些情况下，"斯德哥尔摩症候群"的受害者会经历因为突如其来的胁迫与威吓导致的恐惧、不安和害怕，并且因为有了"斯德哥尔摩症候群"的心理症状，而把恐惧转化为"崇拜"。

"斯德哥尔摩症候群"反映了人性的弱点——一种容易屈服于暴虐的弱点，这缘于人性中对强权和暴力的畏惧，也是对暴虐者的软弱屈服、纵容和膜拜。当社会中的大多数人面对残暴、恐惧陷入"斯德哥尔摩症候群"的心理症状且渐成一种惯性时，慢慢地会对残暴的习惯产生熟视无睹或漠然，甚至是为作恶者做帮凶。可想而知，这样的社会怎么能为人提供安全的保障？

在中国传统文化中，人们自古就非常崇尚正义。在规范人们道德信仰的儒家传统文化中，"义"是建立在人的内在德行之上的，正义感可以说是德行的伦理，在社会实践中起规范作用。

儒家的"义"，便是儒家的正义观。其本义是指人的内在德行，来自"羞恶之心"，也就是羞耻感，这是每个人都有的。"义"的人性被称为"义理之性"；而从"义"在社会行为中的作用来说，则为伦理关系中的一项重要原则，即正义原则，它是道德修养的主要内容和重要标准。

孟子认为："义，人之正路也。"这就是说，"义"既然是正确的路，所以正义的路就是人人都必须遵行的；反之，社会就会陷入混乱、无序的状态。

然而，"义"绝非一个空洞的道德律令或伦理法则，它是有具体内容的。其中最重要的内容，就是处理社会上的利益关系，所以"义"与"利"是密切相关的。"义利之辩"正是来源于此。

儒家在谈到利益冲突问题时，总是把"义"作为首要原则，强调必须在"义"的原则之下处理利益冲突，而不是仅仅谋"利"却不顾"义"，相反，要坚持"见利思义"。

那么，在现实社会中，什么是正义感呢？当然，每个人的价值观不同，对正义感的理解也会不同。正义感包括很多方面，比如正直诚实、仁慈博爱，比如路见不平、拔刀相助，比如侠肝义胆、扶危济困……但不管是从哪个方面讲，正义之士，总是不但立己而且达人的，他们能自觉地远离品行不端之徒，眼里容不得一粒沙子。

在我国民间，有这样一个流传久远的故事：

有个人住在京城里，是国子监的助教。一天，他偶尔路过延寿

『人质情结』：别让你的正义感沦陷

街的一个书铺，看见一个年轻人正在点钱买《吕氏春秋》。刚好有一枚钱掉在地上，这人马上走过去用脚踩住钱，也装出准备买书的样子。

等年轻人走后，这人弯下腰把钱捡了起来。而一个在书铺旁站着似乎在等人的老先生目睹了这一切，老先生看了看这个人，忽然走过来问这个人的名字，然后带着意味深长的笑容走了。

事也凑巧，后来这个人以上舍生的名义进了誊录馆，求见选官，得到了江苏常熟县尉的职位。他兴高采烈地打点好行装，准备上任，递了一张名笺给上司。

当时，江苏巡抚是汤潜庵，这个人听说汤潜庵此时也在京城，非常高兴，赶忙打听汤潜庵下榻的公馆，前去拜谒。可是，每次他去，汤潜庵总是闭门谢客，这人求见了十多次，巡抚都不见他。

后来，汤潜庵离开京城回江苏去了。这个人到了江苏任上，随后接到了官府里巡捕传下的命令，告诉他以后不必去赴任了，原因是他的名字已经进了被检举弹劾的公文。这个人大惑不解，问是因为什么事情而被弹劾的，巡捕回答说："是因贪污。"这人想：自己还没上任，哪能贪污呢？肯定是搞错了。他一定要巡捕转告汤潜庵，请他当面解释一下。

巡捕将此事禀报了汤潜庵后，再次出来传达道："你难道不记得当年在书铺里的事了吗？你当秀才的时候，尚且爱那一文钱如命；现在你运气好，当上了地方官，那你还不把手伸进人家的口袋里去偷，成了戴着乌纱的小偷？汤大人说了，要想做个好官，首先要有廉耻之心，否则，当地百姓一定会遭殃，祸患无穷。"这人这才知道，当年问他姓名的老先生，竟是这位汤巡抚，他满面通红，惭愧地辞官而去。

上述故事中的汤潜庵巡抚，可谓是个正义之士。他尽己之力，不姑息一丝一毫的恶行，这种将正义的明镜高悬在心中的人为官一定是造福一方。如果社会上多些这样的人，那些邪恶奸佞之徒将无处藏身，这个世界将会有更多的阳光驱散黑暗。

正义感还体现在一个人在面对强权、暴力时表现出的态度上，下面故事中这位受人尊敬的运动员，他的正义感比他在奥运会上的成绩更能为他赢得声誉。

1936 年，奥运会在柏林举行，希特勒想要借世人瞩目的奥运会证明德国种族雅利安人种的优越性。当时田径赛的最佳选手是美国的黑人杰西·欧文斯。德国有一位跳远项目的王牌选手鲁兹·朗，希特勒要他击败杰西·欧文斯，以证明他的优越论。

在纳粹报纸一致叫嚣要把黑人运动员逐出奥运会的声浪下，杰西·欧文斯参加了4个项目的角逐：100米、200米、4×100米接力和跳远。跳远是他的第一项比赛，希特勒亲临观战。轮到杰西·欧文斯上场，他只要跳得不比他的最好成绩少过半米就可进入决赛。

然而第一次，他逾越跳板犯规；第二次，他为了保险起见，从跳板后起跳，结果跳出了从未有过的糟糕成绩。此后，他一再试跑，一再迟疑，不敢开始最后的一跃。

希特勒非常高兴，觉得杰西·欧文斯的出局不成问题，就起身离场了。

在希特勒退场的同时，一个瘦削、有着湛蓝眼睛的雅利安人种的德国运动员走近欧文斯，用生硬的英语介绍自己，他就是鲁兹·朗。此时的鲁兹·朗已经顺利进入了决赛，他是出于正义，想帮助这位运动员消除紧张，进入决赛。

鲁兹·朗结结巴巴的英文和善意的笑容松弛了杰西·欧文斯全

身紧绷的神经，鲁兹·朗告诉杰西·欧文斯，他最重要的是取得决赛的资格。他说他去年也曾遭遇同样的情形，但后来用了一个小诀窍解决了困难。他告诉欧文斯取下毛巾放在起跳板后3英寸处，从那个地方起跳就不会偏失太多了。杰西·欧文斯照做，果真破了奥运会纪录，顺利进入决赛。

以后几天的决赛中，鲁兹·朗破了世界纪录，但随后杰西·欧文斯以微弱的优势赢了他。贵宾席上的希特勒脸色铁青，看台上本是情绪激昂的德国观众倏忽一片寂静。

比赛场中，鲁兹·朗跑到杰西·欧文斯站立的地方，把他拉到聚集了12万德国人的看台前，举起他的手高声喊道："杰西·欧文斯！杰西·欧文斯！杰西·欧文斯！"看台上经过一阵难挨的沉默后，德国观众忽然齐声爆发欢呼："杰西·欧文斯！杰西·欧文斯！杰西·欧文斯！"

杰西·欧文斯举起另一只手来答谢。等观众安静下来后，他举起鲁兹·朗的手朝向天空，声嘶力竭地喊道："鲁兹·朗！鲁兹·朗！鲁兹·朗！"全场观众也同声响应："鲁兹·朗！鲁兹·朗！鲁兹·朗！"

杰西·欧文斯在那次奥运会上荣获了 4 枚金牌。多年后，他回忆说："是鲁兹·朗帮助我赢得了 4 枚金牌，而且使我了解到，单纯而充满正义感的人类之爱，是真正永不磨灭的精神，这当中不夹杂诡谲的政治，没有人种的优劣，无关利益的得失。虽然时间会改变一切，但这种精神永不磨灭。"

是的，正义感是人性中最朴实的花朵，正是有了正义的原则，正义才终将取代邪恶，推动社会不断向前发展。同样，正义者都具有高尚的思想境界，他们心地善良、品德美好。一个人只有有了正义感，才能真正顶天立地，赢得别人的尊敬。

巴纳姆效应：认识你自己

由于种种原因，人生活在社会上，难免有各种各样的闲言碎语的困扰。然而，评论别人容易，看清自己却不是件容易的事情。很多人会因为社会上一些公认的陈规陋俗或流言蜚语而迷失在别人的评论中。这种现象在心理学上称为"巴纳姆效应"。

"巴纳姆效应"是心理学家福勒发现并证明的，所以又叫"福勒效应"。心理学家福勒曾对著名杂技师巴纳姆的表演和观众的反应专门进行了研究。正如巴纳姆自己评价的那样，他之所以很受观众欢迎，是因为节目中包含了每个人都喜欢他表演的成分，观众们会出于自己的角度拿出各自的论点评论他的表演，推崇他的表演，所以他在这些熙熙攘攘的评论中能使得"每一分钟都有人上当受骗"。但其实他的杂技只是些小把戏，有很多漏洞，只是大家都被公认的评论所误导，变得人云亦云，因此他才得以获得极大的成功。

巴纳姆效应从另一个侧面说明，在现实生活中，不管是做什么事情，我们无可避免地会陷入"人云亦云"的误区。

1935 年 3 月 8 日，一代影后阮玲玉在人们的流言蜚语中结束了自己年仅 25 岁的生命，含恨留下"人言可畏"的遗言，更加印证了"舌根底下压死人"的俗语。

俗话说："来说是非者，便是是非人。"道人是非者，多是出于自己的各种不良居心，比如妒忌，比如攻击。一个人如果在别人的添油加醋下，抬不起头，沉不住气，头脑不清醒，迷失了自己，那么恰恰是中了那些传播流言蜚语者的圈套。可见，在现实生活中，在纷纷扰扰的闲言碎语中，不迷失于别人的议论之中，坚定而自信地活出自己的价值，清醒地认识自己是多么重要。

古往今来，世间不乏能够头脑清醒地面对是非的智者。历史上曾有过记载的寒山与拾得这两位佛教大师的处世智慧，就非常值得我们参考。

相传，唐代天台山国清寺隐僧寒山与拾得，行迹怪诞，言语非常。他们之间的玄妙对谈，不是一般人所能领会的。试看下面这则记载在《古尊宿语录》中的对话：

寒山问拾得："世间有人谤我、欺我、辱我、笑我、轻我、贱我、恶我、骗我，如何处治乎？"

拾得回答："只要忍让、让他、由他、避他、耐他、敬他、不要理他，再待几年，你且看他。"

这个绝妙的问答，蕴含了面对是非的处世之道，这种真正能认识自己的人所表现出来的从容淡定的气度，令人钦佩不已。

还有这样一则寓言：

有一群青蛙在比试谁能爬上最高的铁塔。比赛开始了，几个青蛙看着那高大的铁塔开始议论纷纷："这太难了！我们绝对爬不到塔顶的……""塔太高了！我们不可能成功的！"

很快，有些青蛙放弃了比赛。

看着那些仍然继续往上爬的青蛙，底下的青蛙们又继续说："这太难了！没有谁能爬上塔顶的……"

青蛙们就这样你一言我一语，越来越多的青蛙动摇了，纷纷退出了比赛。但有一只青蛙却越爬越高，最后当其他的青蛙都退出比赛的时候，它还是一步步地向上爬，最终爬到了顶点。其他青

巴纳姆效应·认识你自己

蛙都觉得不可思议，在祝贺它的同时纷纷询问它是怎么做到的，这才发现原来这只青蛙的听力很不好，它就是那只时常被大家嘲笑为聋子的小青蛙！

是的，嘴巴是长在别人身上的，但我们的人生却是我们自己创造的！我们虽然应该"在乎"别人的一些看法，但也要学会对一些议论充耳不闻。只要永远以充满希望、乐观、积极的态度生活，不被别人泼来的那些饱含着消极、悲观的冷水浇熄努力的火焰，冲垮前进的力量，相信你一定会在自己的天地中干出一番成就。

一个人只有真正认识了自己，才能扬长避短，更好地发展自己，这是做大事的基础。你是自己那艘船的船长，掌舵的是你，你未必喜欢别人的目的地，你必须按照自己的节奏，让这艘船驶向你要去的地方，而绝对不能随着别人的航线起航。

很多时候，当你环顾四周时，会发现自己竟然是如此的孤独，就像人们常说的"高处不胜寒"。但你必须信任你的直觉，不断努力去做你认为对的事，去做那些你在内心里相信应该去做的事，只有这样，你才有可能闯出自己的一番天地。

你能够客观地认识自己吗？下面来做个小测试。每道题有

"是"、"否"两种选择，根据自己的实际情况做出选择：

1. 你一旦下定决心做一件事，即使没有人赞同，你也仍然会坚持做到底吗？

2. 参加晚宴时，即使很想上洗手间，你也会忍着直到宴会结束吗？

3. 如果想动手去做一件事，你会马上开始吗？

4. 你对工作尽心尽力吗？

5. 你对生活充满热情吗？

6. 你常欣赏自己的照片吗？

7. 别人批评你，你会觉得难过吗？

8. 你很少对人说出你真正的意见吗？

9. 对别人的赞美，你总持怀疑的态度吗？

10. 你总是觉得自己比别人差吗？

11. 你对自己的外表满意吗？

12. 你认为自己的能力比别人强吗？

13. 在聚会上，只有你一个人穿得不正式，你会感到不自在吗？

14. 你认为自己是个受欢迎的人吗？

15. 你认为自己很有魅力吗？

16. 你认为自己有幽默感吗？

17. 目前的工作是你的专长吗？

18. 你认为自己懂得自我规划吗？

19. 当处于危急时刻时，你很冷静吗？

20. 你与别人合作无间吗？

21. 你认为自己只是个寻常人吗？

22. 你经常希望自己长得像某某人吗？

23. 你经常羡慕别人的成就吗？

24. 你会为了不使他人难过，而放弃自己喜欢做的事吗？

25. 你会为了讨好别人而刻意打扮吗？

26. 你会勉强自己做许多不愿意做的事吗？

27. 你任由他人来支配你的生活吗？

28. 你认为你的优点比缺点多吗？

29. 你经常跟人说抱歉，即使在不是你错的情况下吗？

30. 如果在非故意的情况下伤了别人的心，你会难过吗？

31. 你希望自己具备更多的才能和天赋吗？

32. 你经常听取别人的意见吗？

33. 在聚会上，你经常等别人先跟你打招呼吗？

34. 你每天照镜子超过三次吗？

35. 你的个性很强吗？

36. 如果你管理一个团队，你是个优秀的领导者吗？

37. 你的记性很好吗？

38. 你对异性有吸引力吗？

39. 你懂得理财吗？

40. 买衣服前，你常先听取别人的意见吗？

得分说明：每题选"是"得1分，选"否"不得分。

结果分析：

分数为25~40分：你对自己信心十足，明白自己的优点，同时也清楚自己的缺点。不过，在此需要警告你的是：如果你的得分将近40分的话，说明别人可能会认为你很自大狂傲，甚至气焰太盛。你不妨在别人面前谦虚一点，这样"人缘"才会好。

分数为 12~24 分：你对自己颇有自信，但是你仍或多或少缺乏安全感，对自己产生怀疑。你不妨提醒自己，自己的优点和长处并不输他人，要特别强调自己的才能和成就。

分数为 11 分以下：你对自己不太有信心。你过于谦虚和压抑自我，因此经常受他人支配。从现在起，尽量不要去想自己的弱点，多往好的方面想。先学会尊重自己，别人才会真正尊重你。

如果你想更客观地分析自己，下面有几点建议可供参考：

（1）拒绝"一窝蜂"地随大溜，坚持独立思考

或许你一个人正步履蹒跚地朝着自己的目标前进，但你所依靠的正是那份独立自主的能力。所以不要在人云亦云中迷失方向，这样才有可能到达你梦想中的终点。

（2）经常反省自己

反省自己有助于更好地看清自己，了解自己内心的真正需求，弄明白自己真正要追求的生活到底是什么样的。

（3）不过分压制自己的个性

每个人都有独特的个性，我们要尽可能地挖掘它、发展它、丰富它，使自己成为一个充满自信、魅力四射的人，而不要被别人的评论弄得自己丧失了个性。

（4）参考别人的建议，坚定自己的信心

你可以聆听父母、朋友的忠告，可是在最后关头，你要自己做出决定。只要你想做的是在自己一己之力范围之内、经过深思熟虑、有益的事，那么就积极地向你的目标迈进吧。不要让任何人、任何事干扰你行动的方向，你必须首先相信自己能实现目标，你才有可能真正做到。

"伤痕实验"：自信心的提升

自信心是人的自我意识的重要组成部分，它影响着一个人个性的健康发展，也影响着一个人的事业与人生。

在日常生活中，每个人都常处于各种不同的评价和议论的包围之中，有人会赞许你、称颂你，有人会批评你、责备你，甚至还有人会轻视你、漠视你。那么，在各种评价和议论中，究竟哪一个"你"才是真实的呢？在投向你的形形色色的目光中，你是否对自己有足够的信心呢？还是你已经丧失了自我，淹没在他人的议论中了呢？

毋庸置疑，一个人的自信心很重要。毫不夸张地说，一个人的自信心和其他影响其人生轨迹的个性因素比起来，更能起到决定性的作用。也就是说，自信心是其他个性因素的核心。自信心是人生可靠的资本，能激励人努力克服困难、排除障碍，去积极争取胜利。可以说，自信心在很大程度上决定着一个人人生的幸福和事业的成功。

哈佛大学的科研人员进行过一项有趣的心理学实验，名曰"伤痕实验"。在该实验中，每位志愿者都被安排在没有镜子的小房间里，由专业化妆师在其左脸做出一道血肉模糊、触目惊心的伤痕。

志愿者被允许用一面小镜子照一下化妆后的效果，然后镜子就被拿走了。关键的是最后一步：化妆师表示，需要在伤痕表面再涂一层粉末，以防止伤痕被不小心擦掉。实际上，化妆师用纸巾偷偷抹掉了化妆的痕迹。对此毫不知情的志愿者被派往各医院的候诊室，他们的任务就是观察人们对其面部伤痕的反应。

规定的返回时间到了，返回的志愿者竟无一例外地叙述了相同的感受——人们对他们和以往相比，变得粗鲁无理、不友好，而且总是盯着他们的脸看。可实际上，他们的脸与往常并无二致。他们之所以得出那样的结论，是错误的自我认知影响了他们的判断，使他们完全丧失了自信。

这个实验结果真是发人深省。原来，一个人在内心怎样看待自己，在外界就能感受到怎样的眼光。可见，在这个世界上，只有你自己，才能决定你的价值和别人看你的眼光。正如罗曼·罗兰曾说过的："先相信自己，然后别人才会相信你。"

有这样一个例子，来源于美国一位著名整形医生对他的病人通过长期观察而得出的结论。

这位整形医生创造了许多奇迹，经他整形过的许多面貌丑陋的人变得漂亮。但他发现，某些接受他手术的人，虽然他为他们做的整形手术很成功，却仍找他抱怨，说他们在手术后还是不漂亮，说手术没什么成效，说他们自感面貌依旧。

这位医生后来悟到这样一个道理：美与丑，并不在于一个人的本来面貌如何，而在于他是如何看待自己的。也就是说，一个人如果自以为是美的，他就会真的变美；如果他心里总是嘀咕自己一定很丑，他就会真的变得很难看。推而广之，如果一个人不觉得自己聪明，那他就成不了聪明人；如果一个人不觉得自己心地善良——那么即使他在心底隐隐地有此感觉，那他也就成不了善良的人。

所以，一个人若想在自己的内心建立起信心，就应该首先改变对自己的看法，像洒扫街道一般，首先将街道上最阴湿黑暗的角落中的自卑感清除干净，然后再培植信心，并加以巩固。应该坚定"天生我材必有用"的信念，明白自己必定有不同于别人的个性和特色，这种意识一定可以使人产生强烈的自信心，这样成功的机会和希望才会伴随而来。

你的自信心强烈吗？来测试一下吧！

1. 快乐的意义对我来说比钱重要得多。

    A. 非常同意　　　　B. 基本同意

    C. 不太同意　　　　D. 完全不同意

2. 假如我知道这项工作必须完成，那么这项工作的压力和困难就并不能困扰到我。

    A. 非常同意　　　　B. 基本同意

    C. 不太同意　　　　D. 完全不同意

3. 有时候，成败的确能论英雄。

    A. 非常同意　　　　B. 基本同意

    C. 不太同意　　　　D. 完全不同意

4. 我对犯错误的态度非常严厉。

    A. 非常同意　　　　B. 基本同意

    C. 不太同意　　　　D. 完全不同意

5. 名誉对我来说极为重要。

    A. 非常同意　　　　B. 基本同意

    C. 不太同意　　　　D. 完全不同意

6. 我的适应能力非常强，知道什么时候将会改变，并为这种改变做好准备。

    A. 非常同意　　　　B. 基本同意

    C. 不太同意　　　　D. 完全不同意

7. 一旦我下定决心，就会坚持到底。

    A. 非常同意　　　　B. 基本同意

    C. 不太同意　　　　D. 完全不同意

8. 我非常喜欢别人把我看作是身负重任的人。

    A. 非常同意　　　　B. 基本同意

    C. 不太同意　　　　D. 完全不同意

9. 我的目标性很强，而且不达目的誓不罢休。

A. 非常同意　　　　B. 基本同意

C. 不太同意　　　　D. 完全不同意

10. 我很乐意将时间和精力花在某一个计划上，如果我知道它会有积极、正面的成果。

A. 非常同意　　　　B. 基本同意

C. 不太同意　　　　D. 完全不同意

11. 我认为获得别人的认可很重要。

A. 非常同意　　　　B. 基本同意

C. 不太同意　　　　D. 完全不同意

12. 我宁愿看到一个方案推迟，也不愿无计划、无组织地随便完成它。

A. 非常同意　　　　B. 基本同意

C. 不太同意　　　　D. 完全不同意

13. 我以能够正确地表达自己的意思为荣，但是我必须确定别人是否真正了解我。

A. 非常同意　　　　B. 基本同意

C. 不太同意　　　　D. 完全不同意

14. 我的工作情绪很高昂，我有用不完的精力，很少感到精力不足。

    A．非常同意   B．基本同意

    C．不太同意   D．完全不同意

15. 对我来说，良好的判断比了不起的点子更有价值。

    A．非常同意   B．基本同意

    C．不太同意   D．完全不同意

评分标准：

第1题：A：3分，B：1分，C：2分，D：0分

第2题：A：3分，B：2分，C：1分，D：0分

第3题：A：1分，B：2分，C：3分 D：0分

第4题：A：1分，B：3分，C：2分，D：0分

第5～15题：A：3分，B：2分，C：1分，D：0分

参考答案：

    0～15分：你平和大度，丝毫没有盛气凌人的时候，但有时缺乏自信。成功的意义对你来说，是圆满的家庭生活和精神生活，

而不是权力和精神的获得，因为你能从工作之外得到成就感，你专注于实现自我目标。

16～30分：你对自己有信心但不自负。也许你根本就没想到去争取名利、功成名就，虽然你有这个能力，但是你目前还不准备为此做出必要的牺牲和妥协。这可以促使你倾向于寻找生活中的乐趣，怡然自乐，但一旦发现了与自己发展目标一致或感兴趣的事业，你便会义无反顾地投身其中。

31～45分：你很自负，有获得权力和金钱的倾向，有强烈追求事业的成功信念，攀上任何一个新的高峰对你来说都是最有成就感的事情，而且你通常能办到。

那么，人怎样才能培养积极自信的心态呢？下列方法可供参考：

（1）接受本来的自己

著名喜剧演员菲力普·威尔逊在很大程度上是由于成功地塑造了杰拉尔丁的形象而出名的。杰拉尔丁总是这样说："你看到什么，你就会得到什么!"这种态度对一个人的发展来说极为有益。

完全地、无条件地接受你自己，是树立积极自信心的第一步。每个人都有自己不太喜欢的某些特性，但是我们无法去改变它们。没有谁是绝对的完美，那么又何必力求完美呢？

我们要相信自己在许多方面是优秀的，因此要接受本来的自己。当我们把注意力放在自己的个性、身体、资质的优势方面时，我们就拥有了树立积极自信心的基础，然后就能在此基础上发展壮大自己。

（2）发现并发挥自己的优势

我们都有过类似的经历，当与别人一起交流时，如果涉及的是自己的专业，我们就会滔滔不绝。为什么？因为我们有自信，因为那是自己的优势所在，自信心便油然而生。可见，我们每个人都应该发现自己的优势，并把它淋漓尽致地发挥出来，这样自信心就会大增。

（3）乐于承担风险

一个人想要在事业上有新的发展，就要冒一定的风险。一份新的工作、一个新的位置、一个新的环境，这些在带给人们幸福和满足的同时，也会存在着许多风险。但是有自信心的人，不会惧怕冒险，而是乐于为将来的收获付出冒险的代价。当然，他们也会深思熟虑、慎之又慎地行事，这样他们也往往能收获好的结果。

（4）找到积极的方式来表现自己的个性

具有强烈自信心的人，不会太过在乎别人怎样看自己。他们愿意展现出自己与众不同的特征和内心情感，他们张扬个性，但不骄傲，他们愿做独一无二的自己。

（5）正视问题，寻找解决途径

当遇到了挫折、发现了缺点后，不要怪罪别人、环境和社会，要从自身寻找原因，思考采取什么样的方法才能解决问题，怎样才能使事情出现转机。

自信的人不会一味地怨天尤人，他们会竭尽自己的力量去寻找解决问题的方法，他们也会优雅地接受他人帮助，从而顺利解决问题，把事情做得更好。

团 体 迷 思 现 象 与 从 众 现 象

当今时代是一个提倡合作的时代，合作共赢已成为时代的主题。因为科学知识向纵深方向发展，社会分工越来越精细，人们不可能再成为百科全书式的人物，每个人都要借助他人的智慧实现自己人生的跨越。所以，这个世界充满了竞争与挑战，也充满了合作与共赢。

但是，在合作中，有时会出现团体迷思的现象。团体迷思现象是合作产生的负面效应，是指团体在决策过程中，成员为维护团体的凝聚力，追求团体和谐共识，倾向于让自己的观点与团体一致，而不能客观地进行评估。比如，一些值得争议的观点、有创意的想法或客观的意见不会有人提出，甚至是遭到忽视。

团体迷思现象可能导致团体做出不合理，甚至是很糟糕的决定，部分成员即使并不赞同团体的最终决定，但在团体迷思现象的影响下，也会最终妥协，遵从团体的决定。

团体迷思现象导致的一个负面结果是，团体成员在追求团体和谐与共识的情况下，往往忽略了决策的客观性，从而无法进行客观的判断。

这一现象早在 20 世纪 30 年代就引起了心理学家的注意，心理学家认为，这一现象会影响组织的决策。

为什么会产生团体迷思现象呢？这就要提到从众现象。阿希实验是研究从众现象的经典心理学实验，是由美国心理学家所罗门·阿希设计的。

实验开始时，实验者告诉被试者这个实验的目的是研究人的视觉情况。当某个人来参加实验走进实验室的时候，他发现已经有 5 个人先坐在那里了，所以他只能坐在第 6 个位置上。事实上他不知道，其他 5 个人是跟实验者"串通"好了的假被试者。

实验者要大家做一个非常容易的判断——比较线段的长度。他拿出一张画有一条竖线的卡片，然后让大家比较这条线和另一张卡片上的 3 条线中的哪一条线等长。判断共进行了 18 次。

事实上，这些线条的长短差异很明显，正常人是很容易做出正确判断的。然而，在两次正常判断之后，5个假被试者故意异口同声地说出一个错误答案。于是真被试者开始迷惑了。在这种情况下，真被试者是坚定地相信自己的眼力呢，还是说出一个和其他人一样但自己心里认为不正确的答案呢？

实验结果是不同的人有不同程度的"从众"倾向，从总体上看，平均有33%的人的判断是"从众"的，有76%的人至少做了一次"从众"的判断；而在正常的情况下，人们判断错误的可能性还不到1%。当然，还有24%的人一直没有"从众"，他们按照自己的正确判断来进行回答。另外，一般认为，女性的"从众"倾向要高于男性，但从阿希的实验结果来看，两者并没有显著的区别。

阿希做这项研究在当时是有现实意义的，因为20世纪50年代，人们还在对"二战"进行反思，不明白为什么整个德国可以在纳粹的带领下做出那么多令人发指的反人类罪行。

阿希的实验证明，个人会屈从于集体的压力，即便他明白集体的行为是错误的，他也不会提出异议。虽然人的"从众"行为对于文化的形成和文化的认同感的建立是有益处的，但是在进行决策时，"从众"行为很可能会导致集体决议成为个人意见的结果，而正确的意见却在盲从中被掩盖。

团体迷思现象促使人们盲从于传统惯例、一味随大流，这通常比违反行为准则更不利于个人的发展。

鲁迅先生很早就深刻批判了团体中"看客"的"从众"心理，他大声疾呼"运用脑髓，放开眼光，自己来拿"的"不从众精神"。现代社会要求我们具备这样的智慧：一方面，对于普遍性的社会价值和公共道德，比如，在遵守法律、商业信仰、企业章程、交易规则、尊重他人权利等方面，要求人们充分发挥"从众"心理，以形成普遍性的行业道德、社会规则、人际交往法则，促进社会和谐。另一方面，对于个人的事业追求、努力目标、价值取向等，常常需要我们克服"从众"心理，寻求实现自我价值的最好方式。

社会学家指出："在个人价值和社会选择上，我们每一个人都拥有一个坐标，从某种意义上说，每一个人都独特地属于自己，而不是别人。在纷繁复杂的现代社会，如何沉下心来，坚守自己，做真正的自己，是我们每一个人必须面对的课题。"

在团体中，如果合作运用得好，就会让每个人都如鱼得水，借力发展；如果陷入了"团体迷思"的旋涡，每个人就会陷入"随大溜"的泥潭，丧失自我。

很多人总说自己不成功，总抱怨自己的机遇不好。为什么不成功？应该从自己身上找原因。你真正认识你自己了吗？你按照自身的特点和优势去规划人生了吗？你是不是盲目地看见别人做什么，自己就做什么？在很多时候，你只要确定自己是对的，就应坚持你的意见，这样"团体迷思"对你的负面影响就会小一点；而且你一旦决定要去做某件事，决定要做好某件事，就一定要充满自信地朝着这个方向努力。

你想知道自己在团体中是什么角色吗？下面来测试一下吧。

说明：对下列问题的回答，从不同角度描绘你在团队中的行为倾向。每题有 8 个选项，分别是从 A 到 H，请根据自己的实际情况做出选择。测试完毕后，参考答案会从 7 个不同角度显示你倾向于在团队中扮演的不同角色。

1. 我认为我能为团队做出的贡献是：

A. 我能很快地发现机遇

B. 我能与各种类型的人共事

C. 我一贯是爱出主意的

D. 我善于发现对集体目标有实际价值的人

E. 我能靠个人的实力把事情办成

F. 如果最终能导致有益的结果，我愿意面对暂时的冷遇

G. 我通常能意识到什么是现实的、什么是不可能的

H. 在选择行动方案时，我能不带倾向性也不带偏见地从多个方案中选出一个合理的方案

2. 在团队中，我常常有这样的感觉和表现：

A. 如果会议没有得到很好的组织、控制和主持，我会感到很不痛快

B. 只要别人的意见确实有见地，我不在乎对方的表达方式

C. 集体讨论新问题时，我属于说得多的人

D. 我的看法太客观，有时显得有些不近人情，使得我与同事打成一片有困难

E. 为了把事情办成，我有时让人感到特别强硬以至于专断

F. 可能我过分重视集体的气氛，以至于显得过于随和

G. 我常常陷入突发的想象之中，而忘了正在进行的事情

H. 同事认为我过分注意细节，总有不必要的担心

3. 当我与其他人共同进行一项工作时：

A. 我有不用施加压力就可以影响其他人的能力

B. 我能敏锐地发现工作中的疏忽并及时给予纠正

C. 为了确保会议不是在浪费时间或离题太远，我认为提出一些要求是必要的

D. 我的见解常常有独到之处

E. 我乐于支持与大家的共同利益有关的积极建议

F. 我热衷于寻求最新的思想和新的发展

G. 我相信我的判断能力有助于做出正确的抉择

H. 我能使人放心的是，对那些最基本的工作，我都能做得井井有条

4. 我在工作团队中的特征是：

A. 我喜欢更多地了解我的同事

B. 我经常向别人的见解进行挑战或坚持自己的意见

C. 在辩论中，我通常能找到证据，推翻那些不甚合理的主张

D. 我有推动工作运转的才能

E. 我不在意自己是否太过突出

F. 对于承担的任何工作，我都追求尽善尽美

G. 我乐于与工作团队以外的人进行交流

H. 尽管我对所有的观点都感兴趣，但并不影响我在必要的时候下定决心。

5. 工作使我感到满足，因为：

A. 我喜欢分享相关情况，权衡所有可能的选择

B. 我对寻找问题的解决方案感兴趣

C. 我在促进良好的工作关系

D. 我能对决策有强有力的影响

E. 我愿意同那些有新意的人交往

F. 我能使人们在某些必要的行动上达成一致意见

G. 我有一种全身心地投入到工作中去的品质

H. 我很高兴能找到一块可以发挥我的想象力的天地

6. 如果突然给我一项困难的工作，而且时间有限，人员不熟，我会：

A. 在有新方案之前，我可能会独自躲在房间里，先拟出一个摆脱困境的方案

B. 我比较愿意与那些表现出积极态度的人一道工作

C. 我会设法通过用人所长的方法来减轻工作负担

D. 我天生的紧迫感将有助于我们不会落在计划后面

E. 我认为我能保持头脑冷静、富有条理地思考问题

F. 即使困难重重，我也能保持始终如一

G. 如果集体工作没有进展，我会采取积极措施去加以推动

H. 我愿意展开广泛的讨论，意在激发新思想，推动工作的进展

7. 我在团队工作中或与周围的人共事遇到问题时：

A. 我容易对那些阻碍工作进展的人表现出不耐烦

B. 别人可能会批评我太重分析而缺少直觉

C. 过于追求做好工作的愿望，使我常常感到焦虑

D. 我常常产生厌烦感，需要有激情的人使我振作起来

E. 如果目标不正确，让我起步是很困难的

F. 对于遇到的复杂问题，我可能会提出很好的意见，但有时不善于加以解释和澄清

G. 如果遇到自己解决不了的问题，我会求助于他人

H. 当我与别人发生冲突时，我没有把握使对方理解我的观点

参考答案：

题号	行政者	协调者	推进者	创新者	信息者	监督者	凝聚者	完美主义者
1	C	D	F	C	A	H	B	E
2	A	B	E	G	C	D	F	H
3	H	A	C	D	F	G	E	B
4	D	H	B	E	G	C	A	F
5	B	F	D	H	E	A	C	G
6	F	C	G	A	H	E	B	D
7	E	G	A	F	D	B	H	C

衍射心理：“让目的颤抖”

在生活中，你有没有过这样的经历：因为惦记着一个电话，和朋友出去玩时，频频地翻看手机，无法专心享受游乐的时光；因为考试时害怕考砸，临到考试，本来会做的题目也没有了思路……这些都是“衍射心理”导致的后果。

什么是“衍射心理”呢？衍射心理是指由细枝末节的琐事引起的紧张、焦虑、猜疑等负面情绪让人陷入不能自拔的境地，甚至可能会引起类似于“衍射”的事情重复出现，最终导致扭曲的心理旋涡，因小失大。

“衍射心理”是由挪威心理学家诺德斯克提出的。他曾经在军队中服役，在一次军事演习中负伤，导致左腿永远比右腿短。那次军事演习是从深夜的紧急集合开始的。诺德斯克因为匆忙，穿在左脚上的鞋子的鞋带没有系紧。就在他打算重新整理时，军事演习开始了。在负伤前的一个多小时里，他一直惦记着那根鞋带是否松开了，担心它在冲锋时绊倒自己，因而无法集中注意力战斗，导致在战斗中大腿中弹。实际上，那根鞋带一直好好地系着。

诺德斯克根据自己的这一经历，提出了"衍射心理效应"，简称为"衍射心理"或者"延伸心理"。

为了证实"衍射心理"，有个心理学家曾做过这样一个实验：在给缝衣针穿线的时候，越是全神贯注地努力，线越不容易穿入。因此得出结论：一个人由于做事过度用力，意念过于集中，反而会将平时可以轻松完成的事情搞砸了。所以，当人们越渴望成功的时候，往往越容易犯错误。这种现象被称为"目的颤抖"，即目的性越强，越不容易成功。

由"衍射心理"引起的"目的颤抖"在生活中并不少见。人都有这样一个弱点：当对某件事情过于重视的时候，心里就会紧张；一紧张，往往就会出现心跳加速、精力分散、动作失调等不良反应；而一系列的不良反应会使人无法发挥出正常水平，最终导致失败。事实也证明，很多人在人生的重要关口输得一败涂地，正是"目的颤抖"导致的心情过于紧张所致。

从表面上看，很多人在重大场合的失误都是偶然的，但其实却有其必然性。比如：太想打好球，结果连连失误犯规；太想发好言，结果突然忘了背好的演讲稿；太想赚钱，结果反而赔得血本无归。

任何事情若是被我们"预设"了立场，我们就无法看出它的真貌。一味企图减轻紧张压抑的情绪对我们不但没有作用，反而会把我们缠得更紧。因此，在面对各种挑战和失败时，很多时候不是因为势单力薄、能力不足、条件有限，也不是因为没有把整个局势分析透彻，而是因为我们把困难看得太清楚、把局势分析得太透彻、把整个事件考虑得太详尽，精神上才会产生巨大的压力，而在这种巨大的心理压力下，人们会顾虑重重、举步维艰，结果往往是本来可以解决的事反而被搞砸了。

平静的心灵、平稳的情绪、持久的自控力，才有助于人远离烦恼、排除紧张、专心做事并把事做好。中国古人非常强调"修心"这门学问，蕴含的也正是这个道理。

有这样一则故事：

有一次，一个人问禅师如何让自己时常烦躁不安的情绪平静下来，让自己的心灵保持安宁，排除有关功名利禄的一切杂念。

禅师说："无上菩提者，被于身律，说于口为法，行于心为禅，本质是一样的。譬如江河湖海，名称虽然不一，水性却无二致。律即是法，法不离禅，为什么要起妄念来加以分别呢？"

这人听不懂禅师所言，又问："既无分别，那又何以修心？"

禅师认真地回答："心本来无损，为什么还要说修？不论好的念头还是不好的念头，都要一念勿起才对。"

这人听了更加不解，问："不好的念头当然不应该有，好的念头为什么也不要起？"

禅师微微一笑，说："这好比人的眼睛，里面容不得沙子，同样也容不得金子。"

这则寓言中，禅师可谓一语道破天机，眼睛里容不得沙子，也容不得金子，内心更是如此。一切外在诱惑和干扰就像是沙子和金子，要想让心得到安宁，使情绪宁静安适，就不要因为这些杂念而受到干扰，否则，于行动会大大不利。

弗洛姆是美国一位著名的心理学家。一天，几个学生向他请教心态和情绪对人产生的影响到底有多大。他微微一笑，什么也没说，只让他们做个实验自己体会。

弗洛姆出去准备了一番，然后把学生们带到一间黑暗的屋子里。在他的引导下，学生们手牵着手，按照引领的路线，很快就穿过了这个伸手不见五指的神秘房间，到达房间的另一处墙边。

接着，弗洛姆打开房间里的一盏灯。在昏黄如烛的灯光下，学生们这才看清楚房间里的样子，不禁全都毛骨悚然。原来，这个房间的地面是一个很深的大水池的池底，只是现在没有蓄水，池子里蠕动着各种蛇，包括一条大蟒蛇，有好几条蛇正高高地昂着头，朝他们"滋滋"地吐着信子。就在这蛇池的上方，搭着一座很窄的独木桥，他们刚才就是从这座独木桥上走过来的。

弗洛姆看着学生们，问："你们愿意再次走过这座桥吗？"大家你看看我，我看看你，都不作声。过了片刻，终于有三个学生犹犹豫豫地站了出来。其中一个学生一上去，就异常小心地挪动着双脚，速度非常慢；另一个学生战战兢兢地踩在木桥上，身子不由自主地颤抖着，才走到一半，就害怕得不敢再往前走了；第三个学生干脆弯下身来，慢慢地蹲在桥上走。

"啪"，弗洛姆又打开了房间内的另外几盏灯，强烈的灯光一下子把整个房间照得如同白昼。学生们再仔细看，才发现独木桥的下方装着一道安全网，只是因为网线的颜色极暗淡，他们刚才才没有看出来。

"还有没有人愿意走？"弗洛姆问道。

学生们再次没有作声。

"你们为什么不愿意呢？"

"这张安全网的质量可靠吗？"学生们心有余悸地问。

弗洛姆这时突然意味深长地笑了："我现在可以解答你们之前的疑问了。这座桥本来不难走，可是桥下的蛇对你们造成了心理威慑，于是，你们失去了平静的心态，乱了方寸，慌了手脚，表现出各种程度的胆怯。看看吧，心态和情绪对人的行为的影响究竟有多大，你们看到了吧。"

这个实验让我们最直观地看到"目的颤抖"的心理根源，所以人在行动中，如果不想让"目的颤抖"影响自己，就一定要有意识地加以避免。

现代心理学研究发现，当一个人意识到自己做一件事时受到某种衍射心理所带来的"目的颤抖"所困时，要想摆脱它，最有效

衍射心理：『让目的颤抖』

的办法就是重新认识这种"目的颤抖"。

可以试着用下面四个问题来帮助自己调整紧张的情绪：

"我到底想怎么样？"

"如果我不想这么继续下去，那要怎么做呢？"

"对于目前这种状况，我要如何处理才好？"

"既然我们做任何事都不能保证百分之百的成功，为什么不给自己做好应对失败的心理准备呢？我能从其中学到些什么呢？"

如果你能静下心来仔细想清楚这四个问题，你就一定能摆脱"衍射心理"的干扰，顺利度过"目的颤抖"的内心煎熬，轻松快乐地前行。

"社会促进效应"：正反两方面的利弊

　　在日常生活中，许多人都有过这样的体会：几个人一起骑车会感觉比单独骑车速度快；一群人看世界杯比赛叫喊的音量更大。早在欧洲工业革命期间，企业管理者就发现，装鞋工人锤打皮鞋钉的速度会因为同事在旁边观看而提高；当有上司在场时，受关注的员工虽然紧张，但工作肯定会更加努力。这种现象在心理学上叫作"社会促进效应"。

　　1898 年，美国社会心理学家特里普利特经过研究自行车选手的骑车速度，证实选手们在有伙伴陪同的情况下，比单独一个人骑车速度要快。

　　1920 年，社会心理学家奥尔波特做了另外一项实验：他让 9 名被试者在不与别人竞争的正常情况下，对内容相同的短文写出反驳意见，结果发现：从完成作业的数量上看，有 6 个人和大家一起做比个人单独做效果好，3 个人单独做比集体做效果好。这就是所谓的"社会促进效应"。社会促进效应发生作用的心理机制是指外界刺激能引起自己同样的或相似的心理反应和动作表现。

哈佛大学的学者曾做过一项研究。他们以 100 个医学院学生为研究对象，把他们共分为两组，每组各 50 人。第一组学生被分配了红色胶囊包装的兴奋剂，第二组学生被分配了蓝色胶囊包装的镇定剂。

可是实际上，胶囊里面的药粉却调了包，但学生不知道。结果，两组学生的反应都如先前他们所以为的那样，吃了红色胶囊的一组很兴奋，吃了蓝色胶囊的一组则很平静。由此可见，他们的想法压制住了身体用药之后的化学反应。医学专家因此推论，药物的功效不仅得看药性，同时也得看病人是否相信药物的功效。

有一次，洛杉矶市蒙特利公园橄榄球队有一场赛事，当时有几位队员出现了食物中毒现象。后来媒体报道，可能是队员们饮用的饮料有问题，因为这些人都是在喝了汽水之后才发现有异样的。随后，他们便开始向在场的观众们广播，警告观众们别去买饮料，同时还描述发病者的症状。广播后，观众们产生了恐慌，有人开始反胃，有人昏厥，甚至什么都没有吃过的观众都觉得不对劲了。那天，救护车飞驰于球场和医院之间，忙着载运病人。后来经过证实，贩卖的饮料没有问题，是队员们赛前的盒饭有问题。先前观众中的那些"病人"们都松了口气，霍然"痊愈"了。

由以上例子可以看出，"社会促进效应"与其说是心理暗示的心理反应，不如说是一个人自己的内心想法发挥了作用。

根据"社会促进效应"，1973 年，美国著名心理学家津巴多教授设计了一个经典的模拟实验，来证实另一个经典的心理反应——"社会角色效应"，这就是后来人们常说的"斯坦福监狱实验"。在实验中，被试者是学校随意安排自愿参与实验的 24 名实习生，他们被安排到斯坦福大学心理学系大楼的地下室内的模拟监狱内。津巴多教授随机地把这些志愿者分成"犯人"组和"看守"（警察）组，观察他们在模拟得非常逼真的监狱中作何反应，并对他们的行为进行研究。

实验正式开始后，一切都是模拟正常的监狱里的情境，"看守"一方给"犯人"一方戴上手铐，带到一个地下室"临时模拟监狱"里。在这里，"犯人"们会切身经历真正的犯人会遇到的事情，比如：戴着脚镣和手铐，"犯人"不再有姓名而只用分到的号码称呼，每名"犯人"被分别关入只有一张床、一个门洞的单人牢房。而"看守"组也装备得和警察毫无区别：身着警服，手拿警棍，轮流在里面值勤。

津巴多教授通过闭路电视和录音装置来观察"犯人"和"看守"的行为与谈话，并定时与他们进行个别谈话和交流，从而获得实验信息。

仅过了几天，"看守"和"犯人"们的表现便越来越"专业化"："看守"组渐渐学会了从侮辱、恐吓以及非人性地对待"犯人"组成员中获得乐趣，不时地命令他们做俯卧撑，拒绝他们上厕所的要求，以及做出各种虐待狂似的行为；"犯人"组最初进行了反抗，但随着时间的推移和角色的深入，他们逐渐变得被动、情绪低落，并陷入了无能为力、极度沮丧的境地，他们的脾气变得像个火药桶，一碰就着，每个"犯人"的心情都糟糕到极点。

这个实验原本计划进行两周，然而没过几天就有扮演"犯人"的学生要求提前结束实验。六天后，有一半扮演"犯人"的学生要求被释放。因为他们每天都焦虑不安、心烦意乱，几乎到了崩溃的边缘。最后，津巴多被迫停止了已进行六天的实验。

实验被迫终止了，然而，这个实验却给我们留下了深刻的启示：人的社会角色地位的改变将对人的心理和行为产生相当大的影响。换句话说，一个人的社会角色影响着其心理和行为。

所以，我们在处理人际关系时，不仅要通过一个人的言行举止来了解他，还要结合他所处的社会角色来理解他的行为。举个例子：同样一个人，面对自己的儿子和父亲时的感受和表现肯定是不一样的；在工作中的女性如果身为人妻、人母，表现也必定会不同。可见，不同的社会角色赋予一个人的特定身份是不同的，与他相关的人对他的期待也必然不同。这就是"社会角色效应"——社会角色会在无形中很大程度上影响人的心理和行为。

根据社会角色效应，心理学家孟斯特伯和莫德又对社会促进效应进一步做了实验进行研究，结果发现，"社会促进效应"虽然会起到让人们得到激励的作用，但有时也会让个体的效率降低。那么，究竟在什么情况下活动效率会提高，在什么情况下会降低呢？

社会心理学家发现，一个人从事任何一种活动，总有熟练的地方，也总有不熟练的地方。如果熟练的成分占优势，那么"社会促进效应"就表现为活动效率的提高；反之，如果不熟练的成分占优势，"社会促进效应"就表现为活动效率的降低。比如，我们小时候学写字，有的字写得很熟练，有些字则写得不太熟练。如果熟练的成分占优势，把大部分字都写得很熟练了，那么旁边有人在看的时候，我们会受到鼓舞，从而极力表现自己，越写越快，越写越好。但是，如果不熟练的成分占优势，大多数字写得不熟练，那么旁边有人在看时，我们就会觉得尴尬、着急、紧张，而且越是这样，手和脑子就越是不听使唤，字也就写得歪歪扭扭了。

所以，我们要学会利用"社会促进效应"带来的正面作用，同时克服它的副作用。俗话说："人贵有自知之明。"一个人要想活得轻松、愉快，保持良好心态，很重要的一点就是要以客观、正确的态度看待事情，要根据不同环境、不同时期和自己身份的变化来评估自己，给自己定好位，这样才能摆正心态，直面人生中的不同境遇和不同环境。

旁观者效应：拒绝心理冷漠

人与人之间有了爱才能感受到温暖和幸福。哈佛大学和加州大学的研究员通过研究发现，个人的快乐主要来自于在集体与社交中产生的关爱。研究员还发现，人们彼此付出爱心产生的快乐会像水波一样荡漾开来，影响到三层朋友。也就是说，如果你关爱别人，你可以使你的交往对象增加25%的快乐几率，而你的交往对象又会把快乐的情绪和关爱的心情传递给下一个交往对象，以此类推，你的朋友的朋友则可以增加50%的快乐几率。

然而，随着信息社会科技的发展和网络应用的日常化，人与人交往的机会与实际接触的程度虽然增多，却也出现了心理冷漠现象和"旁观者效应"。

在鲁迅先生的小说《药》中，国人对那些惨遭不幸的受害者产生的"集体冷漠"实在令人不寒而栗，而那种麻木不仁、自欺欺人的阿Q精神更是害人匪浅。这在任何时代、任何社会，都是导致社会毒瘤产生的根源，因为这种冷漠会泯灭人的良知，使人丧失血性，形成道德上"沉默的螺旋"，导致社会公众道德的沦丧、正义感的泯灭。

那么，为什么会产生心理冷漠的社会现象呢？究其原因，公众产生集体冷漠的根源还是每个个体的自私心理和利己主义在作怪。设想一下，如果在一个社会中，公众面对扶危救困、有益于社会的事漠不关心，面对寻求帮助者冷酷无情，各自追求符合自己利益最大化的生存方式，强调个人利益，以自我为中心，处处替自己打算，那么可以想象，这样的社会，人与人之间必然是冷漠无情的。

导致一个人产生心理冷漠的原因是多方面的。一般说来，一个以自我为中心、自私自利、目中无人、处处损人利己的人，不但不会有人喜欢与其交往，其事业和生活也会受到影响，其人生价值的实现也会受到制约。以自我为中心的人，是不可能有大的成就的。当一个人失去了生活的动力和信心，觉得生命已毫无意义时，冷漠便会乘虚而入。有些人对于生命、事业、朋友、爱情都有很高的希冀，但有时希望越大，失望越大，而且一旦目标不能实现，他们的情绪就会一落千丈，他们对人对事就开始变得越来越冷漠、自私、狭隘。因此，观念的狭隘和过高的成就动机往往是冷漠形成的初因。

其次，人们在受到生活的不断打击之后，容易一蹶不振，对别人的意见漠不关心，无论是赞扬还是批评都无动于衷，过着自我封闭的寂寞生活。他们虽然可能有些业余爱好，但多是独立的活动，很少与他人在一起，所以日益疏远别人，脱离社会。

心理冷漠的人，生活是乏味而刻板的，他们缺乏创造性和激情，没有人情味，漠视人与人之间的关爱和感情，不愿意伸出援手帮助别人。他们的内心是空虚的和痛苦的，精神也常常处于紧张的戒备状态。从心理学上说，这其实是一种心理疾病，严重的话，会让人产生轻生的念头，甚至会付诸行动。

根据心理学家马斯洛的需求层次理论，人除了温饱等基本的生理需求外，还有一定的精神需求和心理需求。从深层次分析，心理冷漠者的内心世界缺乏相应的情感内容，非常空虚，长期焦虑、抑郁，长此以往，对身体各组织器官的机能健康也会产生非常不利的影响。

随着现代社交的网络虚拟化，很多人无可避免地患上了不同程度的心理冷漠，这不但不利于社会中人与人之间亲密友善关系的发展，也不利于个人的身心健康。

其实，人们相互之间的关爱是人类最基本的生存发展需要，爱与被爱是每个人的精神需求，两者缺一不可。人要想根治心理冷漠，就一定要用"爱"这种最佳药剂。

爱人者，人恒爱之，生活在这个世界上，我们无可避免地要融入人群、融入社会。一个开朗、热情、真诚、慷慨、坦率的人，更容易获得人们的信任和欢迎，赢得人们的好感，自己也会生活得开心、幸福。因此，当你具备了善良而真诚的爱心时，就等于拥有了一笔可观的财富，具备了受人欢迎的特质，你的人生道路将因此变得充满阳光，一路顺畅。

爱可以分为很多种类，表现形式也千差万别，但一定都是发自内心、真诚无私的，也只有这种爱才能真正地给人的心灵以温暖，融化冷漠的坚冰。

每个人都有遇到困难的时候，这时，最需要的是别人的帮助。

如果人人都献出一点爱，在为别人排忧解难的同时，也是在为自己开辟一片美的花园。不要害怕自己的付出和奉献，这种充满爱心的举动不会使你有任何损失，相反，你付出的爱心越多，你的朋友和内心的幸福感也会越多。如果每个人都能秉持这种交往之道，那么在社会交往的过程中，在彼此传递温暖的交流中，每个人的脸上一定都会洋溢着充实而满足的笑容，这个世界也一定遍地开满爱的鲜花。

你有心理冷漠的倾向吗？可以做一下下面的小测试，根据自己的行为表现，有目的地检查一下自己的心理健康程度。

仔细回忆一下，近一个月来，下列情况经常发生吗？每种情况都有"是"和"否"两个选项，请根据你自己的实际情况做出选择：

1. 单位开会时，找理由不参加。

2. 大家聊天时，独自一人闷闷不乐。

3. 集体活动时，悄悄溜走。

4. 同事有困难时，根本不理睬。

5. 被邀请聚会时，以各种借口拒绝。

6. 正常的夫妻生活也不想要。

7. 朋友有事情相求时，推辞没有能力帮忙。

8. 与同事与领导从不主动交流。

上述 8 个问题，建议你在自然的状态下，真实地给出答案。

答案说明：

上述测试中，如果答案中出现 2 个以上"是"，说明你有心理冷漠的倾向，应该及时调整自己，否则，亲朋好友会渐渐疏远你，你自己也会越来越不快乐。

孤独实验：为心灵开扇窗

很多人在一个人的时候会产生一种莫名其妙的孤独感，有些人很快就能摆脱，有些人却时常陷于孤独的苦恼中难以自拔。

20 世纪 50 年代，美国心理学家做过一项孤独测试。测试对象是一批雇来的学生。测试开始时，为了制造出极端的孤独态势，测试者将这些学生关在有隔音装置的小房间里，让他们戴上半透明的护目镜，以尽可能地降低视觉刺激。

接着，测试者又让他们戴上木棉手套，并在他们的袖口处套上了一个长长的圆筒。为了限制各种触觉刺激，测试者在每个测试对象的头下垫上一个充气胶枕，除了进餐和排泄以外，测试对象必须 24 小时都躺在床上，以便令测试对象进入一种所有心理感受都被"囚禁"的孤独感。

尽管参加测试的报酬很高，但几乎没有人能在这项孤独测试中坚持三天以上。对测试对象来说，最初的八个钟头好歹还能撑住，但之后，就有人吹起了口哨或自言自语起来，表现出烦躁不安的情绪。在这种情况下，即使测试结束后让测试对象做某些简单的事，他也会频频出错，精神无法集中。到第四天时，测试对象会呈现出双手发抖、不能笔直走路、应答反应迟缓、对痛楚敏感及出现幻觉等症状。测试结束后至少三天测试对象才恢复到原来的状态。

这项孤独测试表明：人是群居动物，人的身体和心理要想保持正常，就需要不断地接受来自外界的刺激。一个人一旦脱离了社会群体，失去了社会交往的可能，就会产生不安全感和恐惧感，对身心健康造成一定的威胁。

近年来，世界卫生组织一再强调，健康的标准不仅是不得病，还必须包括心理健康及社会交往方面的健康。健康的新概念是在身体上、精神上和社会交往上均保持良好状态。而人与人之间的交往，正是维持人们精神和心理健康的良好手段。也就是说，融入人群，与人们进行面对面的交往，不仅是人类社会生存发展的需要，也是保持个人精神健康和心理健康的基本需要。

你想知道自己是一个"独行侠"还是一个受人欢迎的人吗？下面就做个小测试测一测吧。

问题：在充满艺术气息的秋天，你和朋友第一次去参观美术馆，进门后有左、中、右三个方向可以走，你会从哪里开始参观呢？

A、进门后向右走开始参观

B、进门后直行

C、进门后向左走开始参观

答案解析：

选A：你属于自得其乐但不积极主动与别人交往的人，虽然社交中会和别人自然地应酬，但绝不想引人注目。你在独处时偶尔会有孤独的感觉。

选B：你绝不会孤独，善于交际，能够在交际中得心应手、得到乐趣，常能在众人面前成为中心人物。

选C：你爱独来独往，内心也会时常孤独哀伤，与人交往时比常人更为敏感，讨厌与他人为伍，有时甚至是懦弱、胆怯的。这

孤独实验：为心灵开扇窗

种状态需要马上积极地进行调整。

沉湎于孤独有如此之多的害处，那么，如何才能避免孤独的侵扰呢？

其实很简单，就是换个心态看世界，给自己的心灵洒上明媚的阳光。看完下面这个故事你就明白了。

有位不知名的画家饱经沧桑，一次，落魄的他带着他的画去一个大都市开画展，由于没有多少钱，他被安排到一栋老房子里。这是一栋搁置了许多年的房子，四壁连一扇窗户都没有，一进去就有一种压抑感。

然而，这位画家并没有在这栋几乎全封闭的房子中陷入孤独落寞的情绪中无法自拔，他在里面住了几天，观察了一番这间陋室后，就拿出一张非常大的画纸，在上面画了一扇明亮的落地窗，栩栩如生，隐约中似乎还有阳光透进来，让人感觉屋外的阳光像流水一样涌入小屋，屋内的一切立刻显得无比生动。

随后的日子里，这位画家时常邀请那些对他的画感兴趣的人来他的这间画室参观，大家在这里侃侃而谈，这栋以前幽闭的房子从此充满了阳光和欢声笑语。

这位画家的心态值得称道。他清楚地明白，要想摆脱自己内心的孤独，首先要有阳光的心态。人的一生中，可以没有显赫的威名，可以没有万贯家产，可以不是达官显贵，但一定要有充满阳光的心，这样希望才有枝可栖，一切还没来得及实现的梦想才可以翩然启程。

很多人在被现实之壁撞痛之后，都难免会产生莫名其妙的孤独感，产生被世界遗弃的感伤。这时，更要振作起来，给自己的心灵开一扇窗，让明媚的阳光照进来，好驱散心中的阴霾。

（1）增强心理承受力

生活中难免遇到挫折，有些人抗挫折的能力较差，焦虑情绪很容易产生并郁结在心，最后只能以自我封闭的方式来回避环境、降低挫折感。

这种自我封闭态势，不仅会让自己被寂寞和孤独填满，还会失去曾经拥有的朋友，与人群完全疏远，后果是非常可怕的。人要打开自己的心胸，更开放、更自由地与人沟通交流，增强心理承受能力，不能因为外在环境的影响而封闭自我。

（2）多融入人群

多与人交往，多参加集体活动，例如爬山、健身、郊游等等，学会释放压力，感受在与人交流时的快乐和互助的温暖。

（3）增强自信心

有些人把自己封闭起来、陷入孤独，是因为胆小怯懦，是源于不自信。其实每个人都有自己的特点，既不要无限夸大别人的优点，也不要随意扩大自己的缺点，要相信自己在别人的眼中同样是非常优秀的，这样你就不会有自卑感和孤独感了。

（4）用爱去化解人际交往中的隔阂

人与人在交往过程中，产生隔阂是在所难免的。如果这种隔阂得不到妥善的解决，人际关系就会受到负面影响，人就容易陷入内心的孤苦焦虑之中。

一个心里容不下半点误解和伤害的人，到头来只能伤人伤己，成为"孤家寡人"。其实，只要你能够无所保留地付出爱，对他人多包容，那么无论什么样的隔阂都一定会化解，你也就摆脱了孤独感。

苏菲的抉择：力戒社交恐惧症

恐惧是人的本能。人们出于不同的原因会产生或多或少的恐惧感，但一个人如果因恐惧感而使自己陷入其中不能自拔，出于保护自己的心理对别人，甚至对社交产生畏惧，那就是一个大问题了。

心理学家对"恐惧"进行了专门的研究，结果表明，恐惧感是植根于人的心底的一种复杂的情绪，适当的恐惧可以帮助人趋利避害，保护自己免受伤害。但如果恐惧的强度和持续时间远远超出正常范围，则会在社交中给人带来困扰，甚至出现社交恐惧症，严重影响正常的生活和工作。

由著名演员梅丽尔·斯特里普主演的奥斯卡获奖影片《苏菲的抉择》，讲述了一个从奥斯维辛集中营里出来的波兰女人苏菲的故事。

影片开始的时候，苏菲已经来到了美国，可是她依旧生活在噩梦中。所有她爱的人，包括她的父亲、母亲、丈夫、情人、儿子、女儿，全都死去了，只有她活了下来，她无法释怀。少女时代的苏菲，每天都祈求上帝让自己成为一个完美的人。可在时代的大动荡中，苏菲的生活变得面目全非。她崇拜的教授父亲变成了纳粹种族主义的一个狂热信徒和倡行者；她的丈夫被德国的盖世太保所杀；而在集中营里，德国人"恩赐"给她一个机会，让她在自己的儿子和女儿中选择一个留下来，另一个则会被送进毒气室。苏菲绝望地说："把我的女儿带走吧！"在苏菲的内心深处，她认为自己不配再拥有爱情、家庭和孩子，最后，她选择了死亡。

苏菲之所以没有勇气活下去，就是因为在战争中的悲惨经历使她患上了社交恐惧症。在严重的恐惧下，她对生活渐渐失去了信心，变得绝望了。这其实是一种精神上的疾病，也叫社交焦虑症，它的危害仅次于抑郁症、酗酒，是排名第三的心理疾病。

如果一个人经常性地在人前脸红，害怕聚会及各种社交活动，常回避和不认识的人进行交谈，害怕当众讲话，在公共场合被关注时感到心情焦虑，这都是社交恐惧症的初期表现。如果长此以往不加改善，任由这种恐惧感加重发展，就会变得越来越孤僻，不爱与人交流，甚至与家人慢慢疏离，最终把自己封闭起来。社交恐惧症带来的恶劣后果是不仅会使人产生严重的不安全感，变得越来越胆小、自卑、怯懦，而且可能会因嫉妒别人之间的融洽关系而做出不理智的报复行为。

社交恐惧症有以下特征：对某种事物或情境产生异乎寻常的恐惧和紧张感；明知这种恐惧反应是过分的或不合理的，却难以控制；对所恐惧的客体极力回避，影响正常的生活和社交活动。

如果任由社交恐惧症发展下去，就会发展成为社交恐惧强迫症。精神分析大师弗洛伊德说："社交恐惧强迫症就是'一个人自相搏斗'。"有意识的自我强迫与自我反强迫同时存在，两者的尖锐冲突使人产生极度的焦虑却无法控制，常表现为强迫自己去想某一自己害怕的局面等，只在乎痛苦、不幸的情景，而忽视了生活中的希望与快乐。

真正拥有这个世界的人，是那些热爱生活、喜欢交际、与人为善、大公无私的人，他们有广阔的心胸，身边有很多的朋友，生活中充满欢声笑语，他们不会茕茕孑立、形影相吊，当然更不会恐惧社交了。

你有社交恐惧症吗？测试一下自己吧！

1. 我怕在重要人物面前讲话。

2. 在他人面前脸红让我很难受。

3. 聚会及一些社交活动让我感到害怕。

4. 我常回避和我不认识的人进行交谈。

5. 让别人议论是我不愿意的事情。

6. 我回避任何以我为中心的事情。

7. 我害怕当众讲话。

8. 我不能在别人的注视下做事。

9. 看见陌生人我就不由自主地发抖、心慌。

10. 我梦见和别人交谈时出丑的窘样。

记分方法：

每个问题有4个选项可以选择，分别是：

1. 从不或很少如此（1分）；

2. 有时如此（2分）；

3. 经常如此（3分）；

4. 总是如此（4分）。

根据你的实际情况回答上述问题，给出相应的答案，并获得相应的分数。将分数累加，就是你的最终得分。

得分说明：

1～10分：放心好了，你没有社交恐惧症。

11～24分：你已经有了社交恐惧症的轻度症状，照此发展下去可能会不妙。

25～35分：你已经处在社交恐惧症中度患者的边缘，如有时间可以到医院求助心理医生。

36～40分：很不幸，你已经是一名社交恐惧症的重度患者了，建议尽快找心理医生治疗。

每个人都希望自己成为一个乐观、豁达、友善、会给众人带来快乐的人，所以我们有必要掌握一些能够更好地融入人群、克服社交恐惧症的要领。以下是一些建议可供参考：

（1）与陌生人交流时，正视心中的恐惧感，多找双方的共同点

与不熟悉的人沟通、交流是应该掌握的一项社交技巧，也是一门艺术。用心倾听别人讲话，找到彼此的共同点，有助于双方更好地交流感情，消除彼此的焦虑感和紧张心情，达到其乐融融的状态。

（2）相信自己的社交能力，不要害怕与人交流

我们要相信自己的社交能力，学会肯定自己的价值，相信自己在别人的眼中也是非常优秀的。不要为了让别人高兴而故意逢迎对方，也不必介意别人怎么想自己、怎么看自己，要学会在社交中落落大方、彬彬有礼地表达自己的观点，展现出自己最好的一面。

（3）多参加集体活动，友善、真诚地对待他人

社交中贵在真诚。不趋炎附势，保持独立的人格，尊重他人，友好地对待他人，相信你的善良和友好一定能博得很多人的好感，找到志同道合的朋友。

登顶理论：克制不良情绪

我们总是希望一切如愿以偿，但是世事往往不尽如人意。现实中的很多突发情况一旦偏离我们的初衷，我们便往往会心情大受影响，各种各样的坏情绪接踵而来，比如焦躁不安、悲观失望、怨天尤人、怒气冲冲……这些坏情绪常常使我们陷入其中无法自拔。例如：开车时遇到堵车、剐蹭，哪怕有惊无险，也会影响原本的好心情；在购物排队付款的时候，总会有那么一两个人磨磨蹭蹭，导致队伍前进得非常缓慢，于是心情便会大受影响。

生活中一些最常见的不尽如人意或超出我们控制能力范围之外的意外情况引起的小麻烦会接二连三地影响我们的心情。如果我们面对这些小事就焦躁不已或者大发雷霆，甚至陷入其中不能自拔，那无疑就是庸人自扰、自受其害了。

有这么一个笑话：

有一对父子，脾气都很犟，事事不认输，凡事都要强人一头，从不肯低头让步。

一天，有位朋友来家里吃饭，父亲叫儿子赶快去买些菜回来。谁知儿子回来时却在自家巷口附近与一个人迎面对上，两人互不相让，就这样大眼瞪小眼地一直僵持着。

父亲觉得很奇怪，怎么儿子买个菜去了那么久？便出门找儿子，结果看到儿子正跟另一个人在巷口对峙。

父亲的火气一下子就上来了，三步并作两步走上前去，气愤地对儿子说："你先把菜拿回去，在家陪客人吃饭。这里让我来跟他耗，咱俩轮班，看谁厉害！"

这虽然只是个笑话，但或多或少，我们每个人都有这种倔脾气，我们也都有坏情绪，不是来自外部，而是来自自身。

有句古语说得好："胜人者力，自胜者强。"在我们的生活中，人生的价值和意义从另一种角度上看恰恰在于能够控制住自己的不良情绪，做到从容淡定，最终成就自己的目标和事业。

其实世上的很多事都如同让路的过程，纵使狭路相逢，又何必那么较真？只是侧个身而已，何至于剑拔弩张？若能站在控制情绪的制高点，一切纷扰便都迎刃而解了。

要知道，我们既不是检察官，也不是裁判员，面对生活中不尽如人意的事情，我们没有权力去一味地指责、埋怨、批评他人，而是应该增强自制力，改善自己的情绪，巧妙地化解矛盾。

有一句话叫"冲动是魔鬼"，一个人如果时常冲动，不能克制自己的情绪，那么很可能会引火烧身，一败涂地。

在非洲草原上，有一种不起眼的动物叫吸血蝙蝠。它身体极小，却是很多动物的天敌，就连强悍的野马也常常畏惧它们如鼠。这种蝙蝠靠吸动物的血生存。它们在攻击野马时，常附在马腿上，用锋利的牙齿极敏捷地刺破马腿上的皮肤，然后用尖尖的嘴吸血。无论野马怎么蹦跳、狂奔，都无法驱逐它们，它们却可以从容地附在野马腿上，直到吸饱吸足，才满意地飞走。而野马却常常在暴怒、狂奔、流血中无可奈何地死去。

动物学家们在分析这一问题时，一致认为吸血蝙蝠所吸的血量是微不足道的，根本不会让野马死去，野马的死亡是因为暴怒狂奔导致的。

冲动的危害之大，令人毛骨悚然。然而，很多人虽然深知此理，却往往在冲动的情况下难以控制住自己的情绪，丧失了理智，事后再想挽回，却常常是已经追悔莫及。

所以，我们要学会控制自己的不良情绪，不纠结在那些鸡毛蒜皮的小事上，而应该把有限的精力用到有益的事情上去。一个人想要真正做成大事，成为人生的强者，首先就要在现实生活中磨炼自己的自制力，应对环境的一切挑战，应对各种各样的不良影响，不怨天尤人，不心浮气躁，不悲愤交加，不顾影自怜，在积极的行动中增强自我控制能力，排除不良因素的干扰，为内心的目标积极行动。

有一位成功征服珠穆朗玛峰的登山者曾说，在攀登珠峰的过程中，雪崩、脱水、体温降低以及缺氧，加上心理上的极度疲劳和对前方未知情况的疑虑，这些生理上的挑战和心理上的障碍使得通往这座世界最高峰的路更加困难重重。

在他之前，很多一流的登山者都失败了。但是，他最终还是征服了这座世界最高峰，成功登顶了。

这位登山者认为，他征服的不是一座山，而是他自己，他如果没有很好地克制自己曾经产生的悲观、疑虑，甚至绝望情绪，他就没有机会把自己的潜能发挥出来，更别说最终成功登顶了。

登顶理论说明，虽然我们无论怎样努力都不可能彻底摆脱人类本性中的情绪化的干扰，但是我们可以增强自制力，尽量发挥理智的积极作用，最大限度地克制不良情绪的影响，趋利避害。可以这样说，一个人的成就有多大，在很大程度上与他能不能很好地克制自己的情绪有很大关系。

戴维很有才华，但他在成为职业作家之前经常心浮气躁，很难克制自己的情绪。因此，戴维很难安心写作，找不到创作的欲望和灵感。通常，每当他想写作的时候就感到心烦意乱，脑子一片空白，只能瞪着纸页发呆。于是他在心烦意乱中离开房间，或者去收拾一下花园，或者去干点刮胡子之类的琐事，这样心里才能舒服点。但是过后不久他就会因为克制不了自己的坏情绪而更加后悔。如此，就形成了恶性循环。

后来，戴维读到了著名作家奥茨的经验："对于'情绪'绝不可心软。从一定意义上来说，写作本身也可以产生情绪。有时，我感到疲惫不堪、精神全无，连五分钟也坚持不住了，但我仍然强迫自己坚持写下去，不知不觉地在写作的过程中，情况完全变了样。"

戴维看后思考意识到，要完成一项工作，必须要有足够的自制力才行，写作尤其是这样，绝不能任脑子胡思乱想，受情绪摆布。从此，戴维下决心要克制自己的情绪，改掉心浮气躁的毛病，而且他决定立即开始行动。

戴维制订了一个计划：开始写作时，一定要控制住心浮气躁的情绪，不能胡思乱想；如果不能克制自己，就好好地做10个深呼吸，放松心情，再专心思考，寻找思路；如果还是不行，再做20个深呼吸……以此类推。总之，不能做其他事，直到找到思路并写出来为止。

第一天，戴维直到下午两点钟才写完一页；第二天，戴维有了很大进步；第三天，他很快进入状态，有了灵感……日子一天天过去，他的自制力也在不断增强。终于，经过两年的坚持，他的第一部作品完成了。

后来，戴维以持之以恒的自制力坚定地走上了职业创作的道路。他再也不会受杂念的影响，不管在多么喧闹的环境中，不管自己心情的好坏，他总能在自己的创作过程中排除一切干扰，很快进入专注的写作状态。就这样，他的作品不断问世，发表之后大都反响良好，成为颇有名气的作家。后来他总结自己的经验，认为这都要归功于能够克制自己的情绪。

是的，要想趋利避害，我们必须要增强自制力。那么，如何增强自制力呢？下面是一些可供借鉴的方法：

（1）受不良情绪影响时，多做深呼吸，放松心情

世上的事没有一帆风顺的，不必太过较真。当自己的脾气受到挑衅时，不妨深吸一口气，安抚一下已经绷得很紧的神经。只要一转念，你会发现，其实很多问题并不是如你想象的那么严重，紧接着，你的心情会轻松很多。

（2）让其他人监督自己

克制自己的情绪一时半会儿还可以做到，但是坚持下来就不容易了，难免会出现"三天打鱼，两天晒网"的情况，结果是，坚持了一段时间有所起色之后，感到难以为继，不良情绪反而反弹得更加严重。

这时，不妨找个人，比如父母、长辈、朋友、爱人，监督和提醒自己，让他们帮助自己增强自制力。不过，切记不可过度依赖对方。

"心理摆效应"：善待自己的心灵

心理学家发现：在人类生活中，人的感情往往受外界刺激的影响，像大海的波涛一样变化起伏、时涨时落，呈现出多梯度性和两极性的特点，像钟摆那样向两极摆动。心理学家把这种由特定背景的心理活动而引发的规律称为"心理摆效应"。

在引起"心理摆效应"的负面情绪中，怒气是最具有杀伤力的一种。这种情绪会伴随着敌意，使人的整个神经系统处于剑拔弩张的紧张状态，不仅仅是对别人的心灵施暴，也对自己的心灵摧残，而且伴随着大量的负能量，还能产生一种可怕的"副产品"——暴跳如雷，大发脾气，对别人习惯性地攻击。

控制怒气是最不容易的，不去努力控制怒气，久而久之，对身体造成的危害不言而喻。经常发怒的人，生活中不但没有欢乐，而且仇恨会越来越多，对手也会越来越多，害人害己。

对人们来说，由怒气带来的"心理摆效应"对心灵其实就是一种毒药，它会腐蚀美好的心情，摧毁人的健康，破坏和谐的情感，使人们陷入争斗和仇恨中。

人们也许不会拿着尖锐的利器无休止地去攻击他人或是自己，但"心理摆效应"引发的心灵暴力对人的情绪的杀伤力却是巨大的。一个动不动就对别人大发脾气的人，在粗暴对待别人的同时，往往在内心深处也同样粗暴地对待自己，这种自我摧残对健康的破坏力之大难以想象，很多人因怒生病，甚至因怒一命呜呼而含恨终生。

不过，世界上还有很多"聪明人"，他们不会陷入心灵暴力的旋涡之中，而是小心翼翼地善待自己的心灵，生活得快乐而轻松。比如，日本传说中的一休师父就是这么一个聪明人。

据说，一休师父身世可怜，本是皇室后人，但因变故从小被赶出皇宫，六岁时在京都的安国寺出家为僧，学习禅宗。他年纪虽小，可是对待喜怒的态度却豁达得令很多成年的法师都深为敬佩。

一休法师不仅自己达观超脱，而且经常劝慰那些因小事愤愤不平或生气愤怒的师兄弟们："小怒数到十，大怒数到千，人生本无事，庸人自扰之。"

是啊，"一念嗔心起，百万障门开"！我们常常见到有些人因为别人的一句话、一个不好的脸色而沮丧，或暴跳如雷，或悲愤交加，这些"心理摆效应"引发的心灵暴力在无形中摧残着他们的身体，侵蚀着他们的精神，如果他们静下心来想想，这何尝不是引火烧身？

著名心理学家丹尼尔·戈尔曼进一步解释了"心理摆效应"的后果，他说："被自己的情绪摆布的人是不成熟的，他们的人生必然是悲惨的。"很多人之所以人生不如意，正是因为深受自己的心灵暴力所害。

《奥赛罗》是莎士比亚的四大悲剧之一，故事中，战功显赫、智勇兼备的将军奥赛罗在"心理摆效应"的冲动下，犯下了不可挽回的过错，导致了英雄美人的爱情彻底变成悲剧。

人千万不要成为情绪的奴隶或喜怒无常的心情的牺牲品。一个理智的人，完全能控制自己的情绪，不以物喜，不以己悲，保持心灵的淡然，体验不同生活状态的乐趣。这样即使在漆黑的夜晚，他们也知道星星仍在闪烁。

在生活中，我们要学会克服"心理摆效应"带来的负面影响，不对自己的心灵施加暴力，反而应时时营养自己心灵，让心灵真善美，怀着一颗轻松欢乐的心笑看人生。

你是否担心自己有对自己的心灵施加暴力的倾向呢？对照下列题目，看看自己是否时常有下列表现，来更深地认识一下自己吧：

1. 非常容易悔恨，口头禅是："哎呀，当初要是那么做就好了！"

2. 舍不得给自己买好的、吃好的、用好的，觉得没必要。

3. 无法信任别人，包括自己的亲人，总是容易被言语伤害。

4. 情绪起伏较大。

5. 内心封闭，不愿对他人敞开。

6. 对自己和他人都严苛要求，不允许犯错。

7. 压抑自己最真实的感受，很少表露情感。

8. 和亲人、朋友吵架的时候，要么憋着、躲着，要么"战斗"到底。

9. 当自问"现在，你幸福吗?"时，无言以对，内心荒凉。

10. 每天抱怨不下5次，如："为什么我总是那么倒霉!"凭什么这么对我!"

11. 睡眠时间超过8小时或少于5小时。

12. 很少或从未听过人们对自己说："我就喜欢和你待在一起!"

测试结果分析：

如果有6条以上和你的表现吻合，那么你就要警惕了，因为你会在不自觉中粗暴地对待自己的心灵，而且是经常对自己的心灵施加暴力。有这种情况的话，要努力克服"心理摆效应"，学会善待自己的心灵，营养自己的心灵。